别急着离职!

16型人格职场新人的困境与突围

骨哥说 著

SPM 南方传媒
广东经济出版社
·广州·

图书在版编目（CIP）数据

别急着离职！：16型人格职场新人的困境与突围 / 骨哥说著. -- 广州 ：广东经济出版社，2025. 5.

ISBN 978-7-5454-9508-9

Ⅰ. B848. 4-49

中国国家版本馆CIP数据核字第20245ZY412号

责任编辑： 刘亚平　李泽琳　曾常熠
责任校对： 罗玉琪
责任技编： 陆俊帆
封面设计： 朱晓艳
场景插画： 叶　楠

别急着离职！16型人格职场新人的困境与突围
BIE JIZHE LIZHI! 16 XING RENGE ZHICHANG XINREN DE KUNJING YU TUWEI

出 版 人： 刘卫平
出版发行： 广东经济出版社（广州市水荫路11号11 ~ 12楼）
印　　刷： 广州市豪威彩色印务有限公司
（广州市增城区宁西街新和南路4号一楼106房）

开　　本： 889mm × 1230 mm　1/32
印　　张： 11.125
版　　次： 2025年5月第1版
印　　次： 2025年5月第1次
书　　号： ISBN 978-7-5454-9508-9
字　　数： 249千字
定　　价： 58.00元

发行电话：（020）87393830

序

· Foreword

我从企业领域走向公众视野，是因为人格心理学科普视频号“骨哥说”。账号的主要内容是介绍和澄清“人格类型学”理论，包括这两年在互联网大火的MBTI16型人格、凯尔西气质理论和这整个理论体系的源头——荣格的《心理类型》，还有新荣格学派的观点等内容。至今，“骨哥说”已经在全网收获了约14万名粉丝，播放量突破2000万次。

在这两年多的历程里，我每周都会收到数百条留言和私信，看到不同性格的人针对同样的问题会有怎样的观点和感受。他们经历着不一样的困惑，面对着不一样的心理困境，但一切都有迹可循——类型学工具帮我们把看似混乱无序的心理活动，梳理成可以被理解的模式。如果我们掌握了这套模式，很多我们冥思苦想、无法挣脱的心理难题，以及令我们感到受伤和愤怒的人际交往问题，都会从意识层面迎刃而解。

我很高兴自己在网络上营造了一个互相学习、共同成长的环境。有很多观众都表示，在看了我的视频号之后，对待自己和他人都明显变得更宽容——这是让我觉得非常有价值的一件事。但与此同时，另一个问题也渐渐浮出水面：整个视频号（包括和我同类型的博主的视频号）都在往学术化的方向发展。

在我看来是有点无奈的，这意味着一个本来极具应用性质的理论工具，在往精深而狭窄的领域发展，在普通大众面前设立起了很高的门槛。与之相对的，是对被过度娱乐化的16型人格的刻板印象，人格类型成了娱乐消遣和社交的标签，丧失了理论中最精华的部分。

这两种现象各有存在的合理性，代表的是大众“求真求实”和“娱乐休闲”的需求，但这中间巨大的信息差异所形成的偏见和矛盾，令人格类型学真正的应用价值被湮没了。对此，我感到非常惋惜。我开始思考我究竟能做什么，怎样才能让更多的人由浅入深地接触到人格类型学，并且因此能对自己的心理和生活有所改善。

如果说，在人格类型学圈子里我有什么独特的优势，我想，应该是我在企业里十几年的经验，完整地经历过从“职场小白”到“团队管理者”，从“企业中高层”再到“创业者”的全过程，并且面对过不同人格类型的上司、同事、下属和客户。我的视角并不是学院派的视角或培训师的视角，也不是HR（人力资源）的视角，虽然学术、培训和人事在我的实际工作中都有所涉及，但更重要的是理论指导下的综合实战经验，尤其是职场经验。

这一点也为我的这本书奠定了基调：为初入职场的新人和对职场适应存在困惑的人们提供一个有理论依托的自我成长指南，尽量淡化理论并降低理解门槛，让更多的职场人从中受益。

对我自己而言，这本书也是我将人格类型学从理论科普到实际应用的第一步，其中必然会有许多不足之处。如果想从理论角度更深入地挖掘自我，这本书所展现的类型学理论是远远不够的，但这本书可以作为接触人格类型学的起点。哪怕里面的观点对各位读者有一点点启发和感悟，或是能够引起大家的自我审视和思考，就算得出来的结论和成长的路径并非我书中所述，我都会感到有价值和有意义。

黄伟旭 @ 骨哥说

2024年4月9日

目录

· Contents

结语

第一章

读懂自己·拥抱变化

· 人格类型
离职大潮下的自我审视工具

在全球经济环境不稳定的大背景下，当代职场人面临着极大的生存焦虑。三年疫情和贸易战令经济增长放缓，就业竞争陡然加剧，许多人的职场追求从赚更多的钱、取得更高的成就，逐渐转向了保住饭碗、力求稳定。与此同时，自媒体的鼎盛和人工智能的崛起，似乎预示着未来机遇与挑战共同存在，每个人都有重新选择赛道的机会，但同时也可能被时代的洪流卷走。

面对如此复杂的大环境，很多行业和组织都受到了不同程度的冲击，从降薪到缩减人员，打工人的职场环境和职业发展道路都受到了影响。而面对具体的职场情况，各种声音此起彼伏，但无非分为“留”和“走”两大类。

在时代的巨浪之下，试图以个人的力量改变环境是不现实的，无论是“留”还是“走”，都是个人对具体环境适应的一种选择，应该具体情况具体分析。从外行人的视角，无法对具体的环境作出正确的评估，但是对于决策者本人而言，应该找到更多的维度进行综合分析。

我们无法决定环境，但我们可以决定我们自己是谁，决定了自己是谁，就可以更加明确自身和当下职场环境之间的关系。作出“我是谁”的决定，首先必须全方位地认识自我，然而大多数人对自我的了解并不清晰，盲目地认为“自己就是不行”或“自己具有无限可能”，以致在作出决策之后感到后悔——留下来的人觉得自己的未来暗淡无光，而离开的人发现已经无法适应新的环境。

其中判断的核心究竟在哪？人格类型学理论就为其提供了一个独特的视角：

人的性格分为先天和后天两个部分，我们呈现出来的性格特点是先天与后天共同作用的结果。人格类型研究的重点在先天的部分，即便它不可避免地会用到后天的性格特点来作为描述的素材。这是很多人对16型人格的误解之处，认为人格类型描绘的是后天的行为表现。

如果把我们的性格表现比喻成一棵树，那人格类型研究的就是藏在地下的树根，内心深处的需求和源源不断的生长驱力，都是由先天的部分决定的。后天的塑造可以锻炼出适应环境的能力，让同样的种子发育成不同的姿态，有的茁壮，有的婀娜，有的因为不适应环境而枯萎凋敝。

相同人格类型的人，可能有着完全不同的性格特点和行为表现，但是他们的“底色”是一致的，内心冲突的问题和奖赏机制高度重合。如果我们发展出来的能力和天然属性相违背，无论更换多少环境，同样的问题都会反复出现，这些问题可能是实际层面的问题，也可能是心理层面的焦灼和冲突。

· 一个看起来巧舌如簧的人，实际上每次在面临不熟悉的领域的沟通交流时都如临大敌；

· 一个看起来有铁腕手段的领导，实际上完全受不了下属皱眉的表情，对别人的困难感同身受，每次作出艰难的决策都要在洗手间调整情绪；

· 一个处理细节和数据井然有序的人，实际上总是感到生理上的不适，觉得自己在做没有意义和没有未来的事情；

· 一个将策划做得天衣无缝的人，实际上对自己阐述的未来没有任何信念感，自己都觉得只是在画饼和骗人……

这就是“能力”和“天性”的矛盾所造成的，多数能力在后天都可以锻炼出来，但我们却很难克服内心的不协调感。如果一直被迫使用和自己天性相违背的“能力”，就会觉得自己一直在戴着面具生活，无法做真正的自己。只有看清楚自己性格里先天的部分，面对自己深层次的真实需求，才能掌控好“戴面具”的时机。面具是适应环境必要的工具，但我们要学会和面具和平共处，而不是被面具所控制。

一旦弄清楚了自己的“天性”，我们就已经初步了解了自我，对如何适应环境就有了更大的自主权：是选择顺势而为，发挥长板优势，还是补足短板，迎难而上？

接下来的小节将重点介绍人格类型学工具MBTI[1]，看看这个工具是怎样帮我们找到自己性格里先天的部分的。

[1] Myers-Briggs Type Indicator，全称“迈尔斯-布里格斯性格类型指标”。

· 分类方法

“偏好”就像“左右手”

以MBTI为代表的类型学工具，是在心理学宗师卡尔·古斯塔夫·荣格（Carl Gustav Jung）的“心理类型理论”基础上延展的，简化和普适化研究成果，数十年来被广泛应用于管理培训、人力资源、个人成长和关系协调领域（“心理类型理论”更多应用于心理咨询和神经症临床治疗），其最基本的原理和主张可以这样来简单概括：

我们天生在四个方面有不同倾向，这四个方面分别是——

· 注意力集中的方向	· 外倾Extraversion	· 内倾Introversion
· 收集信息时的重点	· 感觉Sensing	· 直觉iNtuition[1]
· 评估决策的优先级	· 情感Feeling	· 思维Thinking
· 处理事务时的风格	· 感知Perceiving	· 判断Judging

通过测评工具，我们可以测出四种倾向，得到四个字母，这四个字母在术语上叫作“偏好”（Preference）。以作者本人为例，我的偏好是INTJ，也就是“内倾+直觉+思维+判断”，这意味着：

[1] 因为“内倾”和“直觉”英文首字母都是I，因此在MBTI体系里，“内倾”的缩写采用的是英文首字母“I”，而“直觉”的缩写采用了英文的第二个字母“N”。

· 我倾向于将注意力集中在自己身上（内倾I）。

· 我侧重于收集直觉、灵感和想法所产生的抽象信息（直觉N）。

· 我评估决策时优先采用逻辑化的评估标准（思维T）。

· 我处理事务时被人看到的风格是快速地下决断（判断J）。

相对地，我非偏好的部分就是ESFP。

· 我的注意力通常并不放在外部世界（外倾E）。

· 我经常忽略具体的和切实存在的感官数据与感受刺激（感觉S）。

· 我评估决策时倾向于将个人情感和人文价值因素后置（情感F）。

· 我处理事务时被人看到的风格并不是顺着感知习惯走的——换句话说，就是并不顺其自然（感知P）。

"偏好"就像我们的"惯用手"，用起来灵活自如。而没有出现的四个字母则是"非偏好"，就像我们的"非惯用手"，用起来时总是感觉不太协调。"能力"不等于"偏好"，"能力强"的部分也有可能是我们的"非惯用手"。不同的偏好也可能会有一样的行为表现，不同的是背后的动机和心理活动过程。

在天生偏好的领域，我们做起来会很轻松自然，通过积极锻炼，可以很轻易地将"偏好"转化成"能力"，实现快速成长；而在非偏好的领域，我们做起来内心不太舒服，可以预见需要花费更多的精力去锻炼，才能达到相对理想的效果。

对于偏好的领域，我们应重点去发展它，使它成为我们适应环境的主要手段——事实上大多数人就是自然而然这么做的，除非长期处在极端恶劣的生存环境，不得不发展和一直使用非偏好能力。

对于非偏好的领域，我们应接纳它的弱小，必要的话选择慢慢锻炼，或是寻求与其他人合作，取长补短。我们的“偏好”和“非偏好”就像左、右手一样都能用，但始终是惯用手更灵巧。左、右手如果可以合理协作的话，就能解决更多困难的问题。

当然，每个人格类型的心理特点绝对不止四个偏好的简单相加，这只是自我认识的第一步，即便只是这第一步，对大部分人来说也已经非常有用了。

下面几个小节将分别介绍MBTI的四组偏好，让大家可以对自我的认识作出初步定位。

·我可以变得更外向吗？

“内倾”与“外倾”

“每次电话响的时候，我的心都会‘咯噔’一下，我不确定自己会不会没办法应对突发情况。比起电话沟通和当面沟通，我更习惯用信息或邮件，把我的想法都理清楚了再说话，而且还能留下沟通的结果。很多人都不记得自己说过什么话，有必要留下一些线索和记录——当然，对于已经非常熟悉的人和事务，我有时候也喜欢电话沟通和当面沟通，毕竟效率确实更高。只是说如果可以不沟通的话，我会觉得今天过得很舒服。”

——Shawn，I人

“有什么事情当面说清楚就最好了，或者一通电话打过去就解决了，文字沟通没有语气和即时反馈，容易引起误会。有时候我觉得一些同事挺搞笑的，明明工位就在对面，还在用文字沟通，这不是走过去说话就完事了吗？我是真的不理解！”

——Ian，E人

首先，我们来看MBTI的第一组偏好——内向与外向，也就是这阵子很流行的“I人”和“E人”。

可能有的读者会说：内外向有什么难区分的！

诚然，“内向”与“外向”现在已经是耳熟能详的说法（这对概念一开始的提出者就是荣格），只是现在大家所熟知的内外向已经和它原始的概念很不一样了。现在大多数人对于外向的理解更贴近“大五人格”[1]里的“外倾性”特质，最重要的衡量标准是开朗程度：容易兴奋、热爱社交、健谈、自信、主动袒露情感。有这些表现的人就会被我们认为是“外向”的人。

但荣格体系里的内外向并不是在研究这些我们看得到的行为表现，而是更关注内心的状态——内心的状态与外在表现并不总是一致的。为了区分通俗语境下的“内外向”和类型学术语中的“内外向”，下文涉及专业术语的部分都以“内外倾”来表示。

很多人可能会有这样的心理体验：

我小时候很害羞，不太敢和别人说话，家长说我扭扭捏捏，畏畏缩缩，有时候我觉得一个人离开家是件挺可怕的事。后来上了大学、出了社会，我发现自己其实还挺大胆的，别人不敢做的事情我敢去做，甚至做得比大多数人都好。就算是面对很多人的大型演讲，只要我做了充足的准备，对我来说都不是件很困难的

[1] “大五人格”（Big Five Personality Traits）认为人格可以用外倾性、经验开放性、宜人性、尽责性、神经质这五大特质来衡量，每个人身上的各种特质有强弱之分，处在一个连续的光谱上。“心理类型”则认为人格内部存在对立的两种态度——内倾和外倾，以及两两成对的四种功能——思维与情感，感觉与直觉；功能态度存在内部此消彼长的关系，重点是这些功能态度“意识的强弱”而不是“特质/能力的强弱”。

事情，甚至觉得有点兴奋。现在的我还挺自信的，交到了非常多的朋友，我想我现在已经变成了一个外向的人。但很多时候，我还是发自内心觉得一个人也挺好的。

像上面的心路历程就是非常典型的内倾偏好。

天生觉得自己是世界的一部分，大部分时间都想和外界产生接触和互动的类型就称作拥有外倾偏好（E）；天生觉得自己就是自己、外界就是外界，对内外有非常明晰的边界感的类型就称为拥有内倾偏好（I）。

外倾偏好会不断地想和外界接触，在外界的反馈里得到持续的激励，除非身体上真的筋疲力尽了，否则独处会令他们饱受无聊感的折磨。

内倾偏好则天生排斥和外界接触，日常喜欢保持精神上的充电状态，和外界的接触会大量地消耗心力，独处时不会那么容易感到无聊，反而需要大量的自我咀嚼和消化的空间。

反映在具体的行为上，外倾偏好的人更习惯先行动后思考，在行动中修正自己的想法；而内倾偏好的人则更习惯做好充足的思想准备，再随之行动起来。外倾偏好的人可能总会觉得别人过于犹豫不决，而内倾偏好的人则可能总会觉得别人做事不过脑子。读者们不妨回忆下，自己是经常批判别人“畏畏缩缩”还是“不过脑子”？

这里要很仔细地思考一种情况：我们对别人的批判会不会是来自对自身的批判？这在精神分析的领域叫作“投射”——在别

人身上看到自己不愿承认的缺点和阴暗面，并且加以批判，来获得“我不是这样子”的内心协调感。

例如，“我以前畏畏缩缩，但现在不畏畏缩缩了，所以看不惯别人畏畏缩缩”。这种其实就是将对自身的批判投射向外界。如果是这种情况，你反而可能是内外倾相反的偏好：批判自己和他人“畏畏缩缩”的，是内倾偏好；批判自己和他人“不过脑子”的，是外倾偏好。

这就是成长经历对我们认知过程的改造。当我们明显有想摆脱过去的倾向时，内心深处真正的想法可能和当下能轻易捕捉到的想法是相反的；而运用类型学工具时要特别注意那些深埋在心底的、被否认或被遗忘的想法，只有我们认真考虑这些问题后，才能有机会弄清楚自己的真实偏好。

一个内倾偏好的人可能会因为社会需要而培养出某些方面的外向性特征。例如，我可以在讲课、培训、带团队的场景里显得十分积极外向，表现出能说会道的一面；我可以短暂地投入和享受与外界互动的过程，但过后我就会迅速累瘫，电话不想接、信息不想回，眼前的事物无法引起我任何的兴趣，一个人的世界才是最舒适的状态，这种心力过载的状态可能需要很长一段时间才能恢复。

相反，一个外倾偏好的人也可能表现出内向的一面。例如，长时间地和外界互动，身体实在是太累了的时候，外倾偏好的人也需要独处充充电。

有一部分外倾偏好的人是非常明显的，喜欢频繁地与人接触和交流，在聊天和游玩里得到非常多的正反馈，而在这些反馈的激励之下又再次投身于社交和游玩，所以他们显得很活跃、很热情，和“大五人格”里的“外倾性”特质高度吻合。

但人格类型学体系里的外倾偏好，和外界的互动不一定体现在与人互动，而是体现在不断地尝试新的体验，或者不断地推进事情的发展，让外界发生变化，从外界的变化里得到源源不断的刺激。外倾偏好的人也许并不热衷于说话和社交，这部分外倾偏好是比较难以进行区分的。下面来看另一个例子：

我小时候总觉得别人怎么那么蠢，他们总是做不好他们应该做好的事情，我经常觉得看不下去，既然他们做不到，那就由我来做，或者就听我的，我来安排他们做。你看，问题这不是解决了吗？没什么太困难的。我知道我有点强势，但该强势的时候就应该强势，不然事情就没法推进了。

现在出了社会，我或许应该表现得友善一点，不然大家可能都会很怕我。现在大家都觉得我很热情，但我知道自己并不喜欢和别人多说废话，我只想一心一意地搞事业。我觉得我是一个内向的人，我可以全身心都放在工作上，但有时我真的觉得很孤独。

大家觉得上面例子中的“我”是属于内倾偏好还是外倾偏好？

在人格类型学体系里，这一类人是属于外倾偏好的，他们可能并不喜欢社交，但天生喜欢推进事情的发展变化，感觉自己是跟随着外部世界在动态发展的。但如果上面的心理状态只是出现在十几岁到二十几岁之间，而小时候并没有这样的感觉，那他依然可能是内倾偏好。这种“我和别人应该怎么做”的思维，对一部分内倾偏好的人来说，是社会化之后会出现的结果。谨记，人格类型学想要研究的是“先天的部分”，人生早期的心理活动偏好更具有判断价值。

通常而言，那些生活在氛围比较宽松和舒适的家庭的孩子，在童年时期的内心活动和行为表现比较能体现出其真正的内外倾偏好。如果大家的成长环境都比较正常，小时候没有感受到过度的压抑感，大学期间则更可能表现出内外倾相反的一面——内倾偏好的人开始展露出活跃和融入社会的一面，外倾偏好的人开始花更多的时间审视自己的内心世界。这是一种成长的过程：大多数人都是内外向相对平衡的，这样才能更好地适应环境。

但如果童年环境过度压抑，则更有可能在大学期间展露出真正的内外倾偏好，因为对相当一部分人来说，大学是人生阶段中第一次感受到独立自主和自由自在的时期。一个过于压抑的童年，可能会令孩子过早地面对社会化问题，这时候他们的天性也是被压抑的，很难判断出他们是内倾偏好还是外倾偏好。直到他们实现了经济独立和获得自由之后，才有可能展露自己的天性，并且可能以一种反向补偿的极端形式表现出来。令人遗憾的是，有些人终身都摆脱不了原生家庭带来的巨大创伤。在这种情况下，他们的人格特征可能会和天性是彻底背离的，更多的是被严重的心理偏差甚至是精神障碍困住，那人格类型学就只能提供非常有限的帮助了。

一般来说，内倾偏好的人会比较明确自己是内向的，因为“我”和外界的那道无形的屏障过于清晰以致无法忽略：“我”是“我”，“外界”是“外界”，“我”和“外界”会产生一种博弈的感觉。但社会的要求可能会令内倾偏好的人在成长的过程中误以为自己“变”成外向的人了，实际上只是在熟悉的环境中习得了一些外向的生存技巧。

外倾偏好的人可能更容易疑惑于自己是否内向，因为几乎所有人都会有内向的体验，如果一个外倾偏好的人长期处在高压的环境之下，也会需要大量的独处和自我消化的时间，在一定时期内不愿意再接触外界。如果在这种情况下进行自我审视，外倾偏好的人也可能误以为自己是很内向的人，尤其是在信息技术、房地产、广告、销售等这一类极度高压的职业环境下。

内倾偏好的人在面对自己非常熟悉的环境时，可能表现得比外倾偏好的人更外放，他们可能会对自己擅长的领域滔滔不绝，或者在亲朋好友面前表现为“社交牛人”，这时候外倾偏好的人反而可能显得没那么外放。对于外倾偏好的人而言，外放的程度在不同的场合表现得更为稳定；而无论是在陌生的环境还是熟悉的环境，内倾偏好的人更容易在不同的场合有强烈的反差感和爆发力。

整体而言，内倾偏好的人比较能感受到孤独的好处，对于孤独感要么是享受，要么是一种痛并快乐着的体验；外倾偏好的人则更容易感受到强烈的孤独感，很难真正地享受孤独。当然，以上的说法都只适用于稳定、长期和日常的情况，在遭遇环境巨变、人生剧变或者长期处在不良环境等特殊情况下，上面的判断可能会完全失效。

特别需要注意的是，每个人在不同的场合、不同的领域都可能会表现出既有外倾的部分又有内倾的部分，但整体上会有一个更偏重的倾向。巨大的社会与工作压力可能会迫使我们的行为表现往外倾的方向偏移，所以要判断自己究竟是内倾偏好还是外倾偏好，需要更关注自己日常的生活表现，而对工作表现应保持谨慎，工作的一面很有可能是“职场的面具”。

根据上面的描述：如果你是外倾偏好，则标记为E；如果你是内倾偏好，则标记为I。

· 为什么他总是“不说人话”？

“感觉”与“直觉”

“领导又在说一些大家听不懂的话了，整天和我们强调要提高‘效率’、做出‘效果’，产品要更‘生活化’、体现‘轻奢’的感觉——谁知道你说的‘效率’是什么，‘效果’是什么，‘生活化’和‘轻奢’又是什么样子！能不能给出具体的数据和准确的参考图？不然我真的无从下手！”

——Joey，S偏好

“在别人刚开始说话的时候，我经常就猜到他们要说什么，但他们依然长篇大论，听得我想打瞌睡。很多细节真的不那么重要，主要是抓住关键词，宏观的画面就已经出现了，要相信人类的想象力！不过有的时候，确认还是很重要的，偶尔我也会搞错别人的意图。”

——Ben，N偏好

我们经常会有这样的体验，觉得别人“不说人话”，要么是觉得别人说得云里雾里、不切实际，要么是觉得别人过于啰唆、没有重点。这当然有可能是对方的语言表达能力和双方的知识壁垒所造成的，但另一种可能性是：一个是感觉偏好的，另一个是直觉偏好的，信息筛选通道和语言表达风格从人生早期开始就完全不一样。

感觉（S）与直觉（N），如果光看字面上的意思，是很容易搞不清楚内容的。类型学体系下的“感觉”与“直觉”，指的是收集信息时的偏好。

只要是清醒状态，我们几乎时时刻刻都在接收着各种信息：窗外的阳光、沙发的质感、视频的画面、说话的声音等。无论是主动的还是被动的，我们只有收集到了信息才能进行判断：是好的还是坏的，是我们需要的还是不需要的，是我们认同的还是不认同的？从收集信息到进行判断的过程可能产生在电光石火之间，以致没有心理学背景的人可能无法将这个过程进行区分，但类型学将这两个过程分开讨论。

感觉与直觉，只研究接收并过滤信息的这个过程，因为在这个过程中每个人都有不同的偏好，导致他们感知到的世界不完全一样，但他们都把感知到的世界当成真实的世界。

感觉偏好的人倾向于接收具象的信息。眼见为实，耳听为真，感官刺激所带来的感受为实，所以“感觉”又叫“实感”。感觉偏好的人信任实际存在的东西，包括眼前的事物和自己亲身经历过的体验，对于物理层面的世界有真实感，经常关注到事物的细节，包括颜色、声音、气味、触感以及微小的动作变化。

直觉偏好的人倾向于接收抽象的信息。当接收到具体的感官信息时，直觉偏好的人会在无意识里快速地切换到抽象模式，以至于看到的东西都是个大致的轮廓，脑海里却冒出很多想象或者问题，对物理层面的世界没有那么真切的实感，而是不断地寻找着事物之间的联系和可能性，通常表现为直接蹦到了未来可能会发生的事件，或者一下子陷入了非常深入的思考，话题的跳跃幅度可能会非常大。

感觉偏好的人往往拥有更敏锐的感官反应以及更具体的类比联想；直觉偏好的人则往往拥有更跳跃的想象力以及更深刻的洞察力。

这是筛选信息时的先天偏好造成的，经年累月，会培养出方向完全不同的信息筛选能力。这个过程几乎是无意识的，最终导致了我们看事情的重点完全不一样，进一步导致了我们的语言风格也完全不同。

感觉偏好的人倾向于描述细节和感受，把事情说得绘声绘色，认为不把事情描绘完整，别人会听不懂自己在说什么。别人如果不把事情细节描述清楚，自己也容易听不懂别人在说什么。

直觉偏好的人倾向于描述灵感和想法，认为细节不重要，更重要的是这些具体事件反映出的可能性与内在联系，容易对别人说的细节不耐烦，同时自己也经常说不清事情的具体细节。

当感觉偏好的人和直觉偏好的人沟通时，非常容易对对方产生误会，直觉偏好的人觉得很多东西不言自明，说那么多细节做什么，希望只听到重点信息，自己也只会说重点信息，觉得别人可以通过在脑海中的补充来完善没说完的话。而感觉偏好的人则容易觉得直觉偏好的人假大空，净说些不明不白的鬼话：话都不说清楚，别人怎么能理解透彻？

大家可以回忆下，在日常交往中，你更容易出现哪种批判心理，当然，这里还是要分辨清楚自己的批判是不是源自自我攻击，一个感觉偏好的人也可能会批判别人啰唆，但根本原因是他觉得自己平时说话就挺啰唆的，他不喜欢这样的自己，所以也不喜欢别人这样；一个直觉偏好的人也可能批判别人不说人话，但根本原因是他觉得自己好像平时经常不说人话，所以对不说人话的人也就特别敏感。

直觉偏好的人比较容易抓到骨架和脉络，但想生成血肉却备感困难，很难把握信息传达的具体程度。例如，我在写书和拍摄视频的时候，即便下意识让自己举了很多例子，但依然很难判断大多数人是不是会觉得过于抽象。

感觉偏好的人比较容易捕捉到清晰的细节，却比较难把握到抽象的信息，在提炼、概括、归纳、预判等方面需要经过后天的大量训练。如果成长环境没有给予充分的支持，可能会严重受限于眼前的境况和过去的经验。

直觉偏好的人比较容易获得全局视野和对未来的预见，但容易在具体细节上粗枝大叶，摔在自己不重视的坑里，或者在具体实操时手足无措，也就是我们常说的眼高手低；感觉偏好的人比较容易和现实接轨，解决眼前实际存在的具体问题，但也容易在小细节上纠结，被困于当下的感受和过去的经验。

举个更具体的例子：感觉偏好的人通常可以很敏锐地发现身边人外貌和打扮上的变化，并且很明确地指出你这一次的穿着和之前有什么不一样，包括款式、颜色、图案上的区别，还能看出衣服上的线头和污渍，可能是一下子回想起了上一次见面时也是同样的服饰。

而直觉偏好的人则更可能只有一种笼统的感觉，例如“你今天看起来挺清爽的”。他们更快速地切换到了形容词模式，而不是细节。他们也可以通过回忆来进行对比分析，但这个心理过程是需要消耗时间和能量的，并不是非常直接快速的反应，他们的注意力通常不在感官世界。

要注意的是，每个人都是有感觉和直觉两种感知世界的认知过程的，不同的只是注意力的分配程度，所以通常表现出来的是一种看待世界时先整体后局部的习惯，或是先局部后整体的习惯。这两个认知过程是可以通过训练来达成的，尤其是在职场上，大多数人都被灌输了要先整体后局部的意识，既要纵观全局又要把握细节，所以先天的倾向无论是直觉还是感觉，实际上年龄越大，想通过训练获得相反的倾向就越有难度。

从另一个角度来看，直觉偏好的人和感觉偏好的人的区别经常体现在兴趣爱好上。直觉偏好的人对于交流和推广自己的想法通常拥有很大的兴趣，即喜欢“思想的碰撞和火花”；而感觉偏好的人则通常对实际的体验生活和分享生活中具体的见闻更感兴趣。

直觉偏好的人都会有点“不活在当下，而是在追逐未来”的可能性，活在对未来的预想或者期待之中，以致对现在的生活通常会有点心不在焉，经常会有种悬浮感。例如，在等待抓住机会，或是感觉自己掌控了事态发展的趋势和规律时，他们对于抽象的、未发生的、难以用语言描述清楚的事情会有比较强烈的真实感。

而感觉偏好的人则倾向于过好当下的每一天，“未来”这个词对他们来说没有太大的吸引力或影响力，他们对未来的预估是非常实在的，可能会有偏消极和保守的倾向。他们对未来的考虑通常是谨慎的，倾向于通过自己或身边人的实际经验来支撑。

需要强调的是，无论是直觉偏好还是感觉偏好，都不代表我们收集信息的“能力”一定偏向于哪一边，直觉偏好可能会在社会化的过程中训练出强大的现实信息收集能力，感觉偏好也可能训练出抽象概括和创新能力。从更深层次的区别来看，这个维度反映的是我们对“直觉”和“感觉”所收集到的信息的判断：哪个有高的信任程度，哪个更容易不可抑制地在内心否决掉另一个方面所获得的信息。

直觉偏好的人和感觉偏好的人非常容易互相不理解，但只有将两者相结合，才能看到更完整的世界。每个人的直觉与感觉不可能一样发达，我们总是会更依赖其中一个信息过滤系统，也必定会遗漏部分信息。我们认为不重要的部分，可能恰恰是对方觉得重要的地方，因为我们都认为过滤出来的世界才是真实的世界，但其实那只是对我们自己而言的真实世界。

根据上面的描述：如果你是直觉偏好，则标记为N；如果你是感觉偏好，则标记为S。

· 我究竟哪里做错了？

“思维”与“情感”

“你的情绪还好吗？没有太大问题的话，我们先来讨论一下这个项目，有些细节只有你比较清楚，必须有你在场。我们先把大家的问题一起给解决了，不耽误项目的进度。”

——Jason，T偏好

“他怎么可以这么没有人情味，难道还要别人直接承认自己情绪不好、没办法好好工作吗？非要在这种情况下强迫别人，真的是一点都不尊重人！人生不应该是工作第一的，人心离散的话工作只会越来越难开展。”

——Wing，F偏好

上一小节讲了我们如何过滤信息，以及筛选信息时的先天偏好可能形成的语言风格。那是一个不受理性控制的认知过程，当信息过来的一瞬间，我们就已经将它们处理成了具象模式或者抽象模式，那之后我们又是怎么评估这些信息的呢？这时候有两套典型的标准——客观逻辑和情感价值。

我们是先考虑自己或他人的感受，再作逻辑上的判断，还是先遵从逻辑上的推理，再考虑情感的问题？

这两者对于大多数人来说都是综合判断的，但存在一个主次关系和先后顺序，甚至可能其中一方存在压倒性的心理优势，以致对外表达时，让人觉得“不近人情”或者“不讲道理”。侧重逻辑判断的人称为“拥有思维偏好（T）”，侧重情感判断的人称为“拥有情感偏好（F）”。

在这里首先要澄清一个很多人都误解的地方，无论是思维偏好还是情感偏好，从理论的角度来看，和情绪的控制力都没有直接关系，思维偏好的人也可能多愁善感，情感偏好的人也可能冷静稳定，这两者的区别只在于下判断时更倾向于“以事为本”还是“以人为本”，是逻辑上的正确性优先，还是和人文情感相关的价值优先。

让我们来做一个经典的电车难题实验。

假设在一个电车轨道上绑了5个人，而备用轨道上绑了1个人。你身边有个摇杆，你可以推动摇杆来让电车驶入备用轨道，杀死本来不会死的那1个人以救下另外5个人。你也可以什么都不做，那5个人就必死无疑，活下来的就只有本来就不会死的那1个人。眼看电车就要驶入那片区域了，你必须在5秒内作出决定，是杀1个人救5个人，还是什么都不做。

如果你比较果断地选择了杀1个人救5个人，并且觉得这不过是个思想实验，当然是从利弊的角度衡量问题，那你更有可能是思维偏好。如果你作不出选择，或者选择了杀1个人救5个人之后感到有点难受，并开始思考道德问题，你就更有可能是情感偏好。

但要注意的是，现实中影响判断的因素太多，如果真的遇到这种情况，无论是思维偏好还是情感偏好，到了这样紧张的情境，很多人其实是慌不择路的。这个例子只是想说明，思维偏好的人在考虑问题的时候，更多的是一种置身事外的抽离视角，而情感偏好则更可能采用的是一种代入视角。

思维偏好的人习惯用俯瞰的角度来评估人和事物，他们自己也是被俯瞰的一环，包括自己在内的所有事物，都被放置到逻辑上合适的位置。但这套逻辑既可能是外部事实、标准和规则的综合产物，也可能是自己认为的很客观的内部逻辑系统。思维偏好的人在作评估的时候有物化人类（包括物化自己）的倾向，很自然地会进入剥离情感的模式，以至于一个不注意就会显得有点冷酷，对人的感受不太关心。

因为这种"置身事外"评估的特性，思维偏好的人往往要等到不好的事情真真切切地发生在自己身上的时候，才更容易理解别人在受委屈时的感受，进而开始反思自己之前是不是做错了什么。当他们下次进行评估的时候，就会把这种感受也纳入逻辑系统之内，衡量这些人的感受会对事情造成怎样的影响。随着年龄的增长，他们会越来越懂人的情感价值，但始终习惯在评估问题时保持置身事外的心理状态。

情感偏好的人则更多是一种“人视角”，优先考虑的是他们发自内心的感受，眼前的事情符不符合他们一直认定的价值观，以及这些具体的举措符不符合道德标准，只有经过了这些层面的检验，才能进入到更具体的逻辑分析环节。

“感受”是情感偏好的人在评估问题时无法忽略的重要因素，他们通常会比较容易对事物产生情绪上的共情，无论这种共情是不是建立在客观事实的基础上，当然也有可能只是一厢情愿。但也正因为这种代入的特点，情感偏好的人在考虑问题时，更容易站在有人文色彩的角度，显得更有人情味。

思维偏好的人往往会忽略情感偏好的人的逻辑，因为情感偏好的人的逻辑混合了更多复杂的因素，包括一些没有说出口的情感诉求和精神上的美学价值，以至于逻辑链条容易被众多因素淹没。思维偏好的人还比较容易认为情感偏好的人不讲道理，甚至不可理喻。

而情感偏好的人反而会觉得思维偏好的人思虑不周，一味在追求所谓的“逻辑上的正确”，只是在自以为是地做着看似正确实则错误的事情，看不到人情社会里潜藏的规则和道德问题，以及一些更高层次的精神追求。在思维偏好的人和情感偏好的人眼里，双方都容易被评判为短视和狭隘。

思维偏好和情感偏好是人格类型四组偏好里，唯一一组有明显的男女比例倾斜的偏好。根据官方数据的统计，男生中思维偏好和情感偏好的比例是3：2，女生中思维偏好和情感偏好的比例是1：2。

当思维偏好的人和情感偏好的人产生矛盾和冲突的时候，是非常典型的男女生吵架场景：思维偏好的人非常容易一味地讲自认为正确的道理，认为情感偏好的人之所以有情绪，是因为对方没搞清楚逻辑问题，认为把道理说透了事情就解决了。

而事实上，往往是情感偏好的人隐藏了自己真正的需求，这些需求可能指向的是更深层更私密的原因，并不方便真正说出口，最常见的就是情感偏好的人期望对方表现出认可自己的态度。

一个成熟的情感偏好的人依然会非常渴望对方在感情层面或者价值观层面和自己直接产生共鸣与理解，但这是一种不合理的期望。成熟的情感偏好的人也十分清楚，“共鸣”是可遇不可求的，于是潜意识里会压抑自己在这方面的表达。

当思维偏好的人一味地诉说逻辑的时候，这种“共鸣”就已经在事实层面达不到了，基于“多说无益”的失望感，情感偏好的人在逻辑上的表达就非常容易呈现出一种不完整的状态。如果思维偏好的人没有察觉到情感偏好的人的潜在需求，而是继续在逻辑上较劲，情感偏好的人为了转移真正的矛盾，可能会不得已采用“中止话题”甚至“强词夺理”的策略，进而导致双方争吵的恶性循环。

中止争吵的要点在于觉察到这两种决策的偏好是真的“脑回路不一样”！我们认为理所当然的思考方式，可能是对方完全不熟悉的。思维偏好的人倾向于用旁观视角来看待当下的问题，很难做到一下子感同身受，他们对于“情感态度”的认知是模糊的，非常依赖后天的学习，而在争吵的过程中，他们容易恢复到抛开情感、考虑逻辑的天然状态。情感偏好的人倾向于隐藏真正的需求，他们对事情的评估是更细腻、更综合和更复杂的，以致在纯逻辑的表达上会陷入困境。从积极的方面来理解，情感偏好的人担心的是造成更大、更长远甚至威胁到双方人生价值的矛盾，所以压抑了真实的观点。

这里要再次提醒，思维偏好的人在表达观点上要尽量克制和避免不客观，努力不被个人因素影响自己的判断，但可能说出来的语气给人感觉是充满情绪的，容易显得像是一直在批评和挑刺。在各种情绪里，“愤怒”是思维偏好的人最常见的负面情绪之一，而情感偏好的人则往往各种情绪都比较丰富细腻。

从统计的结果来看，确实有更多情感偏好的人让人觉得更感性，但还是要注意这个维度讲的不是情绪控制，而是两种不同的评估和决策倾向。光从一个人表现得是否“感性”或者“感情丰富”来下判断的话，会对这个维度产生很大的误解，并造成类型判断的方向性错误。

思维偏好的人发自内心更信任有形的规则和无形的规律，人的价值被统筹在不带情感因素的逻辑之下；而情感偏好的人则始终更相信或者更期望情感的力量、价值观的力量及人性的光辉能够打破规则和规律。

根据上面的描述：如果你是思维偏好，则标记为T；如果你是情感偏好，则标记为F。

· 我才没有在摆烂！

“判断”与“感知”

“说好的十点半要出发，现在都十点二十分了，怎么还不见人影！好在我预见了这种情况，最迟出发时间是十点四十，要不然的话真的要误事！话虽如此，他怎么还没到还没到还没到……”

——Lynn，J偏好

“十点半应该刚好可以赶上，实际上我大致算过，十点五十左右出发都没问题的，根本不用那么紧张！慢慢来就可以了。”

——Will，P偏好

我们在生活中可以很明显地观察出这两类不同的生活作风，一种是“日常摆烂”，一种是“火急火燎”。在这两类人眼里，彼此的行事风格可能是互相看不顺眼的，而这对应的就是人格类型的最后一组偏好——感知（P）和判断（J）。

可能有的读者会觉得很难理解，“感知”和“判断”听起来无论如何都和生活作风没什么关系。实际上在荣格“心理类型理论”的概念里，“感觉”和“直觉”统称为“感知”，“思维”和“情感”统称为“判断”[1]。

经过MBTI创始人伊莎贝尔·迈尔斯（Isabel Myers）的观察，有的人就是喜欢“感知活动”多于“判断活动”，换句话说就是有的人日常就是更多地在感受世界，而不太倾向于作出选择和决定，这类人在MBTI的体系里就叫拥有“感知偏好”；而另一类人则倾向于“判断活动”多于“感知活动”，也就是说这类人日常更多地在作出一个个决定，以此来获得一种生活、工作组织安排上的确定感，这类人在MBTI的体系里就叫拥有“判断偏好”。

这样的偏好会导致完全不同的生活作风，为了方便更多人直观理解，MBTI官方机构将“判断”翻译为“趋定”，“感知”翻译为“顺变”，指的是在处理外界事务时，趋定的人更倾向于追求确定感，顺变的人更倾向于顺其自然。

要特别注意的是，这组偏好适用的情境是“处理外界事务”。

[1] “感知功能”在荣格笔下被称为“非理性功能”，“判断功能”被称为“理性功能”，但由于“非理性”和“理性”容易引发歧义，因此伊莎贝尔·迈尔斯在MBTI体系里采用“感知功能”同义替代“非理性功能”，“判断功能”同义替代“理性功能”。

什么叫外界事务？工作对大多数人来说都属于外界事务，和大家一起出去旅游也属于外界事务；和外人打交道属于外界事务，协调人力物力去推动事情的发展也属于外界事务。

我们可以观察到这样的现象，有的人喜欢非常有条理地安排生活和工作，希望大多数事情都在确定的轨道上发展，有可能会依赖计划和日程表，遇到突发情况时会显得非常烦躁，无论这种突发情况是不是不好的，内心都会觉得有点抓狂。他们更倾向于把事情提前安排好（至少是提前推进），以确保自己在最后期限前不会焦虑和失控。这种人就是MBTI定义下的拥有判断偏好的人。而另一类人则倾向于走一步算一步，经常会有新的想法，一旦有更好的想法，可能就完全不按之前的计划行动，比较享受过程中放松和有弹性的感觉。到了最后期限的时候，他们可能也会有点惊慌失措，或者后悔自己怎么不早点做好准备，但内心又隐隐约约有种莫名的刺激感，也就是我们现在经常听到的“肾上腺素飙升”。他们比较享受这种感觉，也更能体会到“临时抱佛脚”的好处，可能会在最后期限前爆发出惊人的战斗力，有时候还能意外地获得非常好的结果，而这种正向的反馈令他们更加信任顺其自然的做法。这种类型就是MBTI定义下的拥有感知偏好的人。

判断偏好的人可能会觉得感知偏好的作风是不可思议的，认为这种“拼概率”的做法很危险，且不可控。判断偏好的人将注意力更多地放在了把事情搞砸的那一面，所以他们整体会呈现出一种更稳定、更谨慎但同时可能也更加保守的行事风格，这对感知偏好的人来说，可能是死板、固执和充满控制欲的。

这两种截然不同的生活作风，在外倾偏好的人身上表现得特别明显，无论在工作还是生活中，我们都很容易直接观察到。但对于内倾偏好的人来说，这个问题就变得比较复杂了，他们的工作表现和个人生活表现可能是完全不一样的。因为内倾偏好的人最重视的是自己内心的世界，外界的事务对他们来说是一种干扰，享受自己的世界才是他们最大的需求，所以他们常常会有一种心理：快点把外面的麻烦解决掉，我就可以享受一个人的世界了。

内倾偏好的人最有可能出现两种情况：一种是在处理外界事务时很有条理和追求确定性，严格遵守既定的计划或承诺，很难改变他们已经在执行的方向。但相处久了之后我们可能会发现，其实他们在日程规划之外的其他方面，并没有很坚持自己的观点。对于他们来讲，有条理地组织外界事务主要来源于他们后天养成的社会责任心，而不是天生具有组织事物的需求。

另一种是在处理外界事务时看上去很随性，对大家看上去已经达成共识的观点或计划基本上不会提什么意见，但执行起来却似乎总在偏离轨道。直到逼迫他们表态的时候，我们才会发现他们原来一直很坚持自己的看法，他们的内心有一套属于自己的非常清晰的行事规则。他们之所以会“偏离轨道”，是因为他们的内心是轻视外界的观点和计划的，在本性上就更倾向于按照自己的方式来做事，相信自己的节奏和方法能做得更好。

这两种内倾偏好的人都是极其容易被外人误解为“固执”的

（换句话说，内倾偏好的人都容易被认为在某方面比较固执）。

内倾+判断偏好的人（IJ类型），在行动之前已经做了大量的信息收集，一直在掂量着处理方案，但大家往往看不到，因为这部分时间他们往往都在默默地做事，没有告诉别人。他们在正式启动工作前是需要做好充足准备的，一旦到了正式执行阶段，就倾向于把事情贯彻到底，将当前事务当成一个个“问题”来解决掉，他们认为自己“想透了”。

而内倾+感知偏好的人（IP类型），其“固执”体现在：他们可能口头上答应了，但内心却认为外部环境是时刻在变化的，之前沟通好的方案也只在那一刻有效，不变的应该是做事情的内在准则。一直到别人参与进他们的项目，才惊讶地发现：怎么和一开始说好的不一样！这很容易让人误会他们是在“阳奉阴违”。

但如果我们并不是在项目执行的中期观察他们，而是在前期就和他们频繁地接触，可能会发现这两个类型的行事风格是相反的。内倾+判断偏好的人（IJ类型）花了大量时间查找资料和寻找灵感，然后才开始制订工作计划，而内倾+感知偏好的人（IP类型）却可能一开始就已经在梳理原则和路径，看起来像在做工作上的统筹安排。

对于内倾偏好的人来说，因为存在这两种复杂的情况，外人比较难明确地观察出规律，如果我们在不同的阶段、不同的情境下观察这两类人，可能得出完全不同的结论。

如果我们自己是内倾偏好，可以这样问问自己：对于自己内心归类成“外界事务”的那些事情，在行动上我们更偏向于有组织、有计划、有节奏地把事情完成，确保自己不会因为失控而焦虑；还是走一步算一步，反正不影响自己内心的真正需求和判断的准则，相信事情到最后总会有解决的办法，慢慢来，不着急。如果是前者，就更有可能是判断偏好；如果是后者，就更有可能是感知偏好。记住无论是外倾偏好的人还是内倾偏好的人，“感知/判断”这组偏好都是在讲怎么处理“外界事务”。

外倾 + 判断 **EJ** 喜欢确定感和掌控感，倾向于有组织、有规律、有节奏的生活方式。	**EP** 外倾 + 感知 喜欢自由自在和顺其自然，倾向于灵活、随性、有弹性的生活方式。
在对工作和社交活动的组织上表现出确定性，内心活动和私人生活不一定。 内倾 + 判断 **IJ**	在对工作和社交活动的组织上表现出灵活性，内心活动和私人生活不一定。 **IP** 内倾 + 感知

讲到这一步，可能大家还是会有很多疑问：有一些外倾偏好的朋友也可能在工作中很追求确定性和条理性，但生活中又非常随性，那他究竟是“判断偏好”还是“感知偏好”呢？这里有以下可能性。

第一种是社会期望造成的。中国的社会文化鼓励做事要有条理、有章法，老一辈对孩子的教育更倾向于管教式，这会让孩子潜移默化地认同“判断”的处事风格，即便他可能天性上是感知偏好的。

进入职场之后就更加明显了，大部分传统企业更看重的也是“判断”的处事风格。从MBTI的统计数据来看，越往高层走，思维+判断偏好（TJ）的人数就越多，因为思维+判断偏好的人既顺应了自己的天性，又符合社会的期望，自然也就有更多的机会得到企业的回馈。而在这种普遍的社会期望之下，很多天生是感知偏好的朋友，也会锻炼出和“判断”相关的生存技巧（主要被运用在工作的层面），而一到生活层面可能就放飞自我，回归真实的本性。

当然，在特别极端的情况下，天生是外倾+判断偏好（EJ）的朋友，也可能在个人生活中呈现出非常随意的一面。因为在长期高压的工作环境中，其身心都严重超载，已经没有多余的精力可以用来组织生活。

总之，无论研究哪一组偏好，都要剔除极端恶劣的外部情况，因为在这种情况下人们处于人生的特殊时期，这段时期的行为表现和心理活动可能处于不稳定的状态。

除了社会期望层面因素的影响，另一种可能就是内外倾偏好不清晰，以为自己是外倾偏好，实际上却是内倾偏好；以为自己是内倾偏好，实际上却是外倾偏好。而影响内外倾偏好的自我误判，既有可能是社会期望的要求，也有可能是自我认同的影响。现今的社会环境也更鼓励外向多于内向，有不少人为了让自己更好地融入社会，培养出了很多社交技巧，而且确实得到了正向的反馈，渐渐地就认同自己“变”成了一个外向的人，实际上只是外向性的特质增强了，本质上还是内倾偏好。总的来说，内倾偏好更容易出现内心和行为不一致的表现，外倾偏好相对来讲内心和行为更加统一。

一般来说，人生有几个时间段是非常具有迷惑性的，如内心充满强烈冲突和变数的青春期、刚进入社会的迷茫期，以及面临“中年危机”，这些时间段都可能会影响偏好类型判断。

“判断/感知”这组偏好在理论上的解释非常复杂，除了上述的讲解外，还揭示了每个人格类型更深层次的发展动力学系统。但对于一般读者来说，将这组偏好理解成两种不同的“生活作风”已经足够了。

根据上面的描述：如果你是判断偏好，则标记为J；如果你是感知偏好，则标记为P。

· 类型定位

16型人格职场画像

根据前文的描述，我们应该已经知道了自己的四个偏好。假设你标记下来的四个字母是INTP，那是不是代表你就是一个内倾的、倾向于收集抽象信息的、用逻辑思维下判断的、生活作风比较随性的人呢？

并不是那么简单，我们之前说的都是“偏好”，但当四个字母组合在一起的时候，我们通常讨论的是“类型”——“类型”是一个有机整体，不是“偏好”的简单相加。每种类型都有统计层面平均表现出来的“性格特点”，还有更加本质的“内部机制”，反映了每个人格类型的天生的动力、天生的纠结点，以及通常而言面对社会时最有效的手段。

接下来先大致浏览16种类型的“人物画像”。要注意的是，因为每个人的年龄、成长环境和所处的人生阶段不一致，这些“人物画像”不一定能完全对得上我们本人，只是每种类型最常见的性格表现。

如果你感觉这些描述和你自己有七成以上的吻合度，基本上就可以定位为相应的类型；如果你感觉自己不太吻合相关的描述，优先考虑同个大类里的另一种类型，或许那才是最符合你的类型；如果觉得书面描述很难帮你分辨清楚自己的类型，建议寻求专业的测评和咨询进行辅助定位。

16型人格性格特点

· 真我型

注重内心和谐，寻求知行合一与问心无愧，坚持个人的独立价值，最纠结于制度的合理性。

· INFP 知行合一的求索者

理想主义，聆听内心的声音，深入探索道德问题，自我更新和自我接纳，通常擅长以身作则地传递信念。

· ISFP 静水流深的美学家

深谙生活美学，乐于创造并享受松弛氛围，通常擅长以实际行动或艺术创作寄托和表达深刻的情感。

· 分析型

注重逻辑正确，寻求思维创新与独立，以内部逻辑框架来分析和检验一切，最纠结于处理人际关系。

· INTP 严谨求真的分析者

乐于探索新想法，不断完善思维体系，以独到的分析突破固有框架，通常擅长形成个人化理论。

· ISTP 冷静现实的操作者

从现实的角度拆解问题，迅速地动手实践，寻找最省力的方法，通常擅长运用工具解决难题。

· 缜密型

注重积累可靠的事实依据，以谨慎的态度核对过去和现在并保持稳定，最纠结于未来不可预测的变数。

· ISTJ 无懈可击的监管人

具有高度的责任心，讲求实事求是，处事谨慎，一丝不苟，通常擅长制订并执行井然有序的计划。

· ISFJ 坚韧不拔的守护者

周密彻底，细致入微，默默关心和支持他人，通常擅长盘查细节和持之以恒地贯彻到底。

· 洞见型

注重事物背后的本质和模式，在大脑浮现的闪念中寻找启示并形成宏大愿景，最纠结于置身动态变化的情境。

· INTJ 深谋远虑的规划者

具有实现构想的强烈意志，预见宏观趋势，形成规划与计划，通常擅长搭建可持续发展系统。

· INFJ 敏锐深刻的建言者

相信精神领域存在奥秘，探寻表象之下的深层联系，通常擅长解读人性并巧妙地调控关系。

· 进取型

注重可量化的标准，追求能力和成就，通过组织控制达成效能最大化，最纠结于面对内心情感和个人信念。

· ENTJ 高瞻远瞩的领航人

具有强烈的成就动机，迅速洞察系统弊病，设定宏伟目标并建立系统，通常擅长领导和指挥。

· ESTJ 杀伐决断的掌控者

坦率果断，注重现实与效率，强有力地组织人员与推动计划，通常擅长标准的制定与管理。

· 凝聚型

注重关系和谐，寻求集体幸福感，通过沟通协调达成共识最大化，最纠结于面对冰冷的逻辑准则。

· ENFJ 激励人心的外交家

善解人意，鼓舞人心，迅速察觉外人的情感需求，有效实施影响力，通常擅长激发团队潜力。

· ESFJ 热情周到的主理人

乐于助人，关注外人的实际需求，细致且有力度地组织安排，通常擅长创造和维系集体幸福感。

· 探索型

注重外部世界的潜力，在头脑风暴中探索新兴模式并促使可能的事情发生，最纠结于处理细节和积累沉淀。

· ENTP 开辟航道的创造者

思维敏捷，机智坦率，能言善辩，不断转换新视角和新方式，通常擅长提出变革性战略构思。

· ENFP 无限探索的梦想家

乐于想象，亲切热情，洞察趋势并积极看待可能性，通常擅长开启新课题并说服他人参与。

· 应变型

注重现实世界的参与体验，寻求即时反馈，顺应环境变化并快速响应，最纠结于思考未来和人生的意义。

· ESTP 勇于冒险的行动派

灵活包容，享受挑战，反应敏捷，注重立竿见影的效果，通常擅长谈判和扭转危机局势。

· ESFP 激情四射的展示者

热情洋溢，风格显著，随机应变，注重愉快的氛围，通常擅长最大化个人魅力来进行展示和演示。

第二章

职场适应期的心理陷阱洞悉与突破

· 导言

前面的章节已经探讨了人格类型学工具的理论背景，介绍了怎样用类型学工具定位自己的人格类型，初步开启了大家自我探索的道路，现在让我们来到具体的场景——职场。

· 如果我们是刚刚踏入社会的毕业生，
我们将普遍面临怎样的难题？

· 如果我们已经初步适应了职场环境，
我们将面对怎样的内外挑战？

本章将以“内倾型新人”和“外倾型新人”为切入点来简述第一个问题，第三至第十章将重点阐述第二个问题。第二个问题的阐述将分为八章，对应荣格提出的八大心理类型（每种心理类型按MBTI分类方式有两个子类型，总共16种人格类型），每章的结构相同：

1.心理类型特点：总述不同心理类型的特点描述；

2.典型情境：不同心理类型的职场对应小故事；

3.核心问题：不同心理类型在适应职场时最核心的矛盾；

4.心理摩擦力：不同心理类型在适应职场时的普遍问题总结；

5.心理调适策略：不同心理类型在意识层面进行调适的

重点；

6.子类型成长路径：16型人格性格特点以及发挥潜力的具体措施；

7.中长期职场画像：不同心理类型的长期发展核心要点。

如果你通过前面章节的阅读或者其他渠道已经非常确定自己的类型，则可以选择优先阅读与自己类型相关的章节，若尚有余力，可再阅读其他类型的章节。阅读其他类型的描述有助于更好地理解我们身边的人，我们会看到原来大家如此不同，但在更宏观的层面上又如此相似——在适应职场环境的时候一样会面临各种焦虑和压力，只是大家应对压力的方式各不相同，更容易陷进去的区域不太一样。

要注意的是，由于人的个体差异很大，因此，面对的具体环境和具体问题也具有特殊性，16型人格实际上只是一种非常宽泛的分类方式。有的流派为了更精确地描述不同类型的人群，在16型人格的基础上又发展出64种子人格，甚至扩展到512种子人格类型。但在我看来，这样的分类方式对大多数读者并不友好，更适合对人格类型学有深度兴趣的爱好者。

本书并非学术论著，也不像个体咨询那样能深入剖析每个人的具体情况，无法百分百地对应上每位读者的具体情况，只能以大多数人群的画像作为描述的基础，尽可能地令大多数人从中得到启示和帮助。若读者有更深入了解理论和探索自我的需求，可以参考本书附录提供的更专业的资源与渠道。

· 内倾型新人的普遍困境

内倾型的人从小到大都面临着不同的环境适应问题，因为他们内心的世界才是最重要和最真实的，且和外部世界之间存在一道无形的屏障。无论是进入新环境还是建立新的人际关系，他们总是需要更多的准备来了解自己内心的需求和环境的要求存在着多大的差距。

有些内倾型的人在学生时代就已经适应了教学体制，并在学校表现出外向的一面，甚至认为自己有足够的主动性和积极性去解决大多数外界的问题。但当他们进入职场时，可能会感到一切都是摧毁式的推翻重来——职场环境和校园环境如此不同，面对的是不同背景和不同年龄段的同事，每个人看似都有一样的目标（养家糊口、升职加薪等），实际上每个人又都有各自的盘算，在明面的规则之下，还有各式各样的潜规则。有的人严格按照规则办事，有的人游走在规则的灰色地带，而规则似乎本身就有灵活操作的空间……庞大又模糊的信息量，很容易令内倾型新人战战兢兢，隐藏真实的个性。

如果他们所处的环境是以专业技能为导向，一部分内倾型新人可能会凭借出色的操作执行能力而获得内心的力量感，并因此在团队中占有一席之地。但如果他们所处的环境并不需要过多的专业技能，察言观色、沟通协调和组织推进可能会耗费他们大量的心力。

如果他们无法让自己的真实个性得以表达，可能会在各种犯错、批评和挫败感之中度过职场生涯的前一两年，感觉自己不受尊重和不被重视，将大量的心力花在适应环境上，而不是发挥主观能动性去创造性地解决问题和创造效益。他们性格中的潜力被人格面具所掩埋，同时觉得丧失了自我，有种惶惶不可终日的深刻感受。

当他们经过五年、十年的职场历练之后，回过头看当时的自己，可能会觉得有些问题幼稚得可笑，但在初入职场的时候，那一两年的痛苦和折磨可能是刻骨铭心的，有的人甚至可能因此留下创伤。

内倾型新人在新的环境里整体而言是相当被动的，容易长期处于防御的状态，他们必须解决自己内心的矛盾，才能进一步探讨如何规划职业生涯。他们在适应职场环境时通常存在两大内心的问题——“安全感”和“力量感”，而这直接导向了两个职场上永恒的话题：

· 如何建立人际关系？

· 如何发挥个人才能？

人际网络的建立可以让他们获得“安全感”，而让别人看到自己的能力则会令他们更有“力量感”，在“安全感”和“力量感”都有了坚实的基础之后，他们就实现了职场适应的第一步。这需要内倾型新人首先面对两种限制性信念：第一种是“人情世故好麻烦”，第二种是“我只做好我分内的事”。

诚然，对大多数内倾型的人来说，“人情世故”真的是一件非常头痛的事情，完全不想去触碰和理解。“人情世故”在当代人的语言习惯里被赋予了贬义的色彩，很容易和虚伪圆滑、繁文缛节和溜须拍马画上等号，又或者认为“人情世故”会令自己失去自由和独立性。

很多职场新人一方面内心极度排斥人情世故，完全看不到人情世故的积极方面，另一方面也区分不开“人际关系”和“人情世故”，于是连最基本的处理人际关系的技巧都觉得非常排斥，将自己对人际关系的逃避付诸“我就是不爱搞人情世故”，结果导致更多的心理挣扎——被误解成冷漠自私的人而被疏远，在集体活动以及遇到困难的时候陷入孤立无援的境地。内倾型的新人要认识到两点：第一点是，人际关系≠人情世故，不想了解人情世故的内容没有问题，但可以先破除对“人际关系”和“人情世故”的绑定关系；第二点是，建立良好的人际关系并不意味着主体性的丧失，关系建立不代表丧失自我，其中的重点在于，找到彼此之间的共识，温和且清晰地保持自己的边界。经历这个过程并不是那么容易，几乎会不可避免地产生摩擦，但从更长远的角度考虑，内倾型的人需要个人空间，只有更早地让大家了解自己的需求和个性，才能避免因为交流的缺失而陷入孤立的状态。这种早期的摩擦是必要的，度过这个时期才能更自然地在职场中做真实的自己，为获得长期稳定的职场安全感创造条件。

而对于如何获得“力量感”，内倾型的新人需要有展示的平台，但他们往往不懂得（或不屑于）争取自我展示的机会。如果只局限于执行职责内的工作，他们的真实价值首先就已经被规则和标准框定了，还可能会让上司对他们产生先入为主的偏见。

很多内倾型的新人都会抗拒职责之外的活动和工作，如培训、演讲、团建、节目表演等看似和本职工作无关的活动，实际上这些活动的平台提供了刷新领导对我们第一印象的最好时机。但如果我们保持着“我只做好我分内的事”这样的信念，可能会对这些机会以一种敷衍的态度应付了事。不少人会害怕因为展露了才能而给后续带来更大的麻烦，面对这种心理其实可以再进一步考虑：

· 我是先选择展露自己的才能以赢得更多的机会，再来处理那些可能会随之而来的麻烦事，还是干脆就隐藏自己，避免惹祸上身，同时将机会拒之门外，等待命运来推动人生？

如果内倾型新人想长久地掌控自己的人生节奏，“力量感”

是不可或缺的，换句话说就是处理事情的时候要“有底气”，而这种“底气”源于能力得到过充分的证实，且被其他人看到过。然而，内倾型新人始终没有太大的原生驱动力去不断地抓住机会和推动事情的发展，和外界保持一定距离才是他们最舒服的状态。对他们来讲，比较顺应本性的做法是找到合适的平台进行自我展示，吸引更多的机会自动找上门，并以自身的“底气”对机会进行筛选。

因此，在一开始的时候就打破“我只做好我分内的事”这样的限制性信念尤为重要。告诉自己：我有我自己的原则和标准，但我不排斥任何的机会和可能性。当然，学会如何温和而坚定地拒绝别人，也是必备的职场技能。

· 外倾型新人的普遍困境

相较于内倾型职场新人，外倾型新人似乎更容易适应职场，并不容易有那么强烈的内心冲突。但对他们而言，同样存在一些普遍的问题。由于外倾型新人会更自然地以外来的信息作为参照的依据，在当今全球经济局势不稳定的情况下，他们可能会不自觉地卷入市场的恶性竞争，觉得自己无法停下脚步，没有留出充足的时间和精力来认真思考自己真正想要的生活，造成精力管理失衡。

在逆境中，他们可能会产生风雨飘摇的不踏实感，找不准维持内心稳定秩序的准绳，直到排山倒海的压力将他们淹没，被越来越糟糕的情绪控制，突然爆发愤怒和悲伤，甚至导致身心疾病的产生。但在这一切发生之前，他们可能毫无察觉，在自我认识和自我调控方面，外倾型的人其实远远比不上内倾型的人。他们更难察觉并跳出时代与环境对他们造成的影响，因此他们应更加警惕沾染职场恶习，不要将一些不合理的系统弊病视作“理所当然”，认识到“知情并选择适应”和“不知情地受影响”是两种截然不同的状态。

由于外倾型新人往往对环境和制度的适应能力更强，从个体的角度而言，可能会对自己侵犯了他人边界的举动没有察觉。例如，在办公场所大声地外放音乐，不断地四处走动和插入别人的话题，强行邀请别人加入饭局，在别人提出拒绝时还忍不住嘴碎几句：不要那么扭扭捏捏啦！

他们的出发点或许是好的，但这些行为对于很多内倾型的人来说都是重大忌讳。内倾型的人尤为重视自己的边界，但不一定会明确表态。要知道，在这世界上内倾型和外倾型的人数占比可以说平分秋色[1]，加上内倾型的人并不倾向于直接表达自己真实的想法，可能会导致外倾型新人在不知不觉中惹怒了别人而不自知。

当矛盾激化到摆上台面的时候，外倾型新人可能会突然感到困惑、委屈和愤怒，实际上对内倾型的人来说，冰冻三尺，非一日之寒。在这种情况下，外倾型新人可能会陷入人际关系的困扰。他们需要清晰地知道，世界上至少有一半以上的人跟他们所感知到的世界完全不同[2]，而其中没有高低对错之分。

[1] 根据MBTI®官方网站统计，参与过MBTI®测评的全球样本里，内倾型所占人群比例为56.8%，外倾型所占人群比例为43.2%。

[2] 同上。

如果他们的上司是内倾型的性格，可能会因为他们在办公场所表现得过于活跃，而在主观印象上觉得他们工作效率低下。这是投射心理造成的错误印象，绝大多数人都是以自己为蓝本来思考别人的行为模式，内倾型的人容易觉得外倾型人的活跃表现就是不专注于工作。因为当他们自己是这种表现的时候，通常会造成效率低下的后果，所以他们认为此种表现就意味着效率低下。无论这是不是客观事实，上司的偏见都会对他们的工作评价产生影响，他们需要找到可以衡量自己工作表现的切实依据。

外倾型的新人也更容易因为冲动行事而感到后悔。他们刚进入职场的时候，对职场环境的了解必然是不充分的，但当他们有了三成把握后，可能就会表现出十成的信心，并积极地沟通交流和风风火火地推进工作。这是一种天然的优势，但也有可能会给他们带来不小的麻烦。如果说内倾型新人容易陷入过度犹豫的状态而错失很多被欣赏和提拔的机会，外倾型新人则更容易因为快速的反应而不得不遭受更多的批评和挫败。

如果他们能将这些批评的声音视作锻炼的机会，他们将会获得迅速的成长和提升；但如果他们将其视作职场上的针锋相对，或者将犯错的责任主要归咎于外界，那对他们的职场生存和个人发展就极其不利。外倾型新人在“内省”的时候要同时注意外因和内因两个方面，避免“一边倒”地归因。

· 结语

无论是内倾型新人还是外倾型新人，都有从学生时代过渡到职场时产生的心理冲突，这个阶段他们遇到的问题是高度相似的，但当初步适应了职场之后，由于人格类型的差异，他们产生的困境开始变得更加具有特点。接下来的章节将分别详述八类职场新人，以及他们具体会遇到怎样的心理困境，如何更好地面对自己的劣势，发展自身的潜力。接下来我们将进入八大类型十六种人格的内心世界，看看过了“新手村”之后，不同类型的人会面对怎样的职场挑战。

第三章

真我型的“坚持”与“抵抗”

· 导言

↓ 主要性格特点	↓ 主要内心冲突
· 忠于内心深处的每个声音 · 以内在价值体系作为指南 · 有强烈但矜持的个人情感 · 极度重视情感上的真实 · 持续寻找内心的和谐感 · 渴望深层次的共鸣	· 容易对规则和制度感到过敏 · 容易夸大和抵抗外界的邪恶 · 容易感到自卑和无能为力

INFP和ISFP在荣格的术语里统称为**“内倾情感型”**，为了照顾大多数读者，本书采用**“真我型”**进行替代。

对于“真我型”而言，**“知行合一”**和**“不忘初心”**是最重要的内心需求，如果他们的工作目标可以和他们内心信念的指南针达到一致，则他们将会产生无穷无尽的内驱力，利用强大的意志力来坚定不移地达成目标，克服眼前的一切困难，甚至可以不考虑物质上的回报。他们有高度的“自我实现”需求，认为工作绩效无法衡量一个人的价值，但如果所从事的工作和自己的价值观高度一致，这种强大的自驱力自然会给他们带来巨大的实际效益，经济和物质的回报只是一种附属品，精神上的满足对他们来说才是最重要的。

他们遇到的阻碍通常是**“适应制度”**和**“有效推进”**，原因是他们潜意识里认为组织制度和推进手段在压制每个人的个性，令他们成为随时可以被替代的“螺丝钉”，所以天然地抵触组织的安排和强硬的手段。

然而他们在潜意识里同样渴望证实自己的能力，希望自己的个性和理想可以在现实中得以实现，只不过让他们直接接受管理、学习管理、运用管理会令他们感到巨大的排斥和压力，他们需要在和外界接触的过程中开阔视野、打开思路，跳出对自己的过度谴责和对社会的过度批判，探索出最适合自己生存发展的人生道路。

真我型的基本特征

拥有丰富、强烈、深入的情感力量，希望所做的事情能和自己内心深处的声音和谐一致，能在信念感的驱使下焕发强大的生命力和意志力。然而，对外界通常显得防备，在充分、恰当地表达情感方面，以及与外部环境和平共处方面存在问题。

· 典型情境

Wiki | 游戏策划 | 两年工作经验

当Wiki踏入游戏行业的大门时，她逐渐认识到游戏的精神价值被大大低估了。尽管行业内存在许多问题，但她总能在其中看到曙光。Wiki口头上常常反对内卷现象，经常鼓励同事们一起放松一下，自嘲是条没有梦想的“咸鱼”，但是为了做好项目，实际上她愿意投入比其他人更多的精力，默默地追求着极致的品质。她相信自己的才能和努力最终会被领导和同事认可，最瞧不起那些爱邀功和爱出风头的人。

然而，她的努力却常常被当成领导的功劳、集体的功劳。她感受到领导对她的夸赞只是走个过场，根本没有真正看到她的价值。这既让她感到不被重视，又让她对自己的能力产生了怀疑。

“究竟是我太天真，还是这个社会太残酷？”

她开始关注企业制度和薪酬福利系统，发现其中存在着明显的剥削现象。她渐渐觉得自己和大家都在遭受不公平的待遇，但却无力反抗，自己似乎在慢慢变成工厂中的一个零件，随时都可以被替换。

她开始感觉领导们总是话中有话，项目的修改意见让她分辨不清是对事情的否定还是对自己的否定，又或者只是职场上的某种套路。这种不确定性让她的情绪起伏不定，严重影响了她的工作效率。然而，一股内在的驱动力始终让她觉得不甘心，她希望能够做出点什么，得到外界对自己能力上的认可，改变自己的现状乃至整个行业的现状。

年底的时候，她对晋升的人选和奖金的分发感到愤怒——部门业绩达不达标很大程度上是市场决定的，企业最终却以此为由削减员工薪酬，用心工作的人没有得到应有的奖励，反而变相受到了惩罚。只是她的愤怒似乎并没有什么作用，领导总有套路把大家糊弄过去：现在工作那么难找，跟企业对抗又有什么用呢？

愤怒过后，她还是选择忍气吞声，安慰自己：

“不过是打工而已，何必让自己难受呢？”

每天的工作让她感觉越来越沉重，她觉得自己像是天天在做仰卧起坐，躺又躺不下，起又起不来。她开始怀疑自己的才能和价值，对未来充满了迷茫。

她陷入了一个看不到希望的泥潭，不知道是否还能找回职业道路上的乐趣和满足感。她感到对游戏设计的热情和动力逐渐消退，真的在慢慢变成一条没有梦想的“咸鱼”。

· 核心问题

“理想主义”本来是一个中性的词语，是高于现实并能指导现实的一种思想倾向，改造世界是理想主义的目标，也是理想主义的重要意义。有一部分职场新人很接近柏拉图所说的“理想主义者”，“理想主义”在他们的内心本来可能是一个褒义的词语，内心深处高度认同人必须有理想、有追求、有信念。如果可能的话，他们会希望自己的生活和工作都能超越金钱和物质的束缚，坚守自己的道德标准，做到“知行合一”。

但在职场中，“理想主义”却似乎隐含了“不切实际”的意味，我们经常听到职场前辈指责新人“太理想主义了”，实际上是在说新人没有经过社会的毒打，缺乏对社会现实的观察和经验。

如果我们陷入了对“理想主义的概念”“理想主义的意义”和“为何职场需要理想主义”的辨析，实际上恰好证实了职场前辈的指责——对职场抱有不切实际的幻想。这是一场谁也说服不了谁的争论，“理想主义”和“现实主义”就是相对的，在具体实践中只能在矛盾之中寻求平衡。

绝大多数企业的最大目标就是利润最大化，创造经济效益就是企业发展最大的动力，实现这个目标靠的是技术进步和管理制度，挤压竞争对手的生存空间，扩大市场份额。这就可能带来以下现实问题：

（1）处在迅速发展中的企业，因为市场的竞争激烈，可能会采取一些不太正规的手段，在灰色地带游走。例如，企业会先将不太成熟的产品投入市场，在收回一笔资金之后再进行迭代，而它们在宣传上不可能去暴露自身的短板，而是强调甚至是打擦边球式地夸大自己的优点。这样的行为在这些新人眼里可能就是一种“欺骗”，内心觉得特别难受。

（2）在超大型的组织中，如在一些正在走下坡路的企业中，“管理”有可能并不是为了切实可见的效益，只是为了所谓的“稳定军心”。例如，突然严抓考勤、没实际意义也要硬塞工作任务等做法，其根本目的是试图转移实际矛盾。这样的管理模式在一些新人眼里更是不能忍受，因为在他们的定义里该举动是在愚弄大众。

企业的内部也必然存在竞争关系，因为薪资的分配本质上就是“切蛋糕”，而大多数人进入企业就是为了赚钱。在这种大前提下，人与人之间的关系注定是不纯粹的。

有理想主义色彩的新人容易看不清企业运作的复杂细节，一方面是他们不感兴趣，另一方面是他们还缺乏一定的社会经验，但是他们往往可以非常敏锐地察觉到这里面必定存在着“欺骗”和“不道德”，对他们内心深处的需求来说，“纯粹”和“真实”太重要了。一旦工作内容触及了这两个关键词，他们很容易迅速地产生消极情绪。在他们视野更开阔和看得更深入之前，消极情绪可能会远远大于积极情绪，并且令他们陷入内疚、愤怒、失望等情绪之中，以致丧失行动力。

所有的职场年轻人都可能会有这样的心理和阶段，但在人格类型学里，INFP和ISFP这两个类型最容易深陷在这样的境遇里，并在很长一段时期内都找不到突破口。

·“真我型”的心理摩擦力

1.害怕在工作中迷失自我

他们普遍非常关注“个人价值”的重要性。这种个人价值不依托于集体的标准，而是一种纯粹的独立自主和追随本心的诉求。然而结构化的分工协作和数据化的评估标准，必定会压抑一些人的个性，令个人的特点无法充分地显现。他们总会感觉到组织在试图以一种隐秘的或者强势的方式令个体屈从于集体，直接威胁到他们对个人价值的坚守，令他们容易一直处于一种防御的状态，时刻警惕自己“被洗脑”。

2.内心抵制导致行动缓慢

他们行动的有效性和内心的意愿存在很大的关系。如果他们内心并不认可自己所从事的工作，就可能会花费大量的时间在自我说服上，而且最终的结果通常是无法彻底说服，甚至可能会自嘲当下的做法就是在自欺欺人，然后陷入一种消极且顽固的抵制状态——对他们来说，如果违背自己的道德标准和所认定的良知，他们的第一要务是解决自己内心平衡的问题，而不是先将工作内容处理妥善。

3.缺乏意义感而丧失动力

他们需要自己的工作内容有意义。即便每个个体具体的理想各不相同，但内心深处都希望能实现和贯彻纯粹的美好。如果他们感觉到自己所从事的工作没有创造美好，自己只是资本运作下的一个随时可以更换的零件，他们很难因为社会身份的要求和薪酬回报的诱惑就感到满足，而是会一直叩问自己存在的意义和价值。如果找不到答案，他们可能会因此陷入得过且过的状态，且内心一直受到无意义感的煎熬。

4.为证明能力而感到焦虑

他们的能力能否正常发挥，通常取决于内心的状态，而不是技能水平本身。技能水平更像是一种原材料，而内心就像是一个炼化炉，技能水平必须通过内心来进行操作和运转，从而发挥出不一样的效果。内心状态好的时候，他们能展现出惊人的水平，甚至是自己都无法想象到的高水准；但内心状态不好的时候，却可能连及格的水平都达不到，令他们备受打击。这容易造成他们的一大困扰——无法准确地评估自己的能力，自信心像坐过山车一样跌宕起伏，但总体而言倾向于自我低估。

5.无法忽视情绪上的影响

他们在情绪方面可能存在较大的困扰。上司、客户、同事的情绪会被他们吸收，变成自己大脑内不断交战的声音。他们可能会难以暂时屏蔽这些此起彼伏的声音，也很难采取有效的行动令这些外界的声音安静下来，而是试图在内心消化，进而使外界的争斗变成自身内部的争斗。虽然这些情绪本来并不是他们本人的情绪，但却真真切切地影响了他们，导致他们变得沮丧或愤怒。他们可能会花费大量时间和精力处理情绪问题，导致工作进度受到影响，而这种激烈的挣扎却不被人察觉。

6.完整传达情感存在困难

他们珍视深入的关系，认为很多情感不用言明，最重要的是彼此用心。他们习惯代入式地感受其他人的情感，以此来达到情感共鸣，也自然觉得其他人都拥有这方面的能力。然而实际情况是，这种“情感共鸣”是一种天赋，源于对自身感受的深入了解。很多人并没有这种天赋，甚至可以说对自身的感受视而不见，很难由己及人地产生情感共鸣。“信任”这种天赋可能会令他们遭遇沟通上的问题，他们认为的“不言自明”的事情其实别人可能真的不明白，因此造成一些不必要的矛盾和误会，甚至错过和同事建立深厚情感关系的机会。

·“真我型”的心理调适策略

要更好地克服心理摩擦力，首先要做到一些“意识”上的转变，才能更顺利地进入到行动层面。真我型新人及其他信念感驱动的职场新人，可以参考以下的观点，尝试转变看问题的角度。

1.“适应”不等于“妥协”

在文化娱乐领域，有“态度”的音乐、影视作品乃至艺人，更可能得到更高的社会评价。他们象征着一种“不妥协”的精神，似乎在用文艺作品对抗社会的阴暗和不公，强调个人的独立姿态，这样的精神能带给我们力量感。

而主流的商业音乐作品则更多地在被消遣娱乐的同时，也遭受着我们居高临下的批评，被贴上“快餐文化”“垃圾文化”的标签。从某种程度来说，这些声音起着舆论监督的作用，促进文化产业往更好的方向发展。但我们在作出批评的时候，很少是真正全面、理智且客观的，更多的是在宣泄情绪，以及强化“高人一等”的自我认同感。

在互联网时代，这种“监管的力量”被进一步放大，立场鲜明的发言非常能煽动人的情绪，令网民们迅速站队。如果我们没有足够的觉知，可能就会不自觉地成为网络“暴民”中的一员，为了“不妥协”而不妥协，为了抗争而抗争，本质上只是在维护自身内心的和谐，而不是在寻求真理和真相。

这样的心态所引发的现象可以映射到职场的环境中：我们的

不妥协真的是为了“整顿职场”这一伟大、光荣、正确的目标，还是夹杂了我们自己不愿意面对的私心？我们是否有在这个过程中，误伤到同样苦苦挣扎在生存线上的真实存在的人？

我们不但生活在抽象的精神世界，也生活在具体的现实世界中，这个世界里有真实存在的人，有真实的喜怒哀乐，而不只有高度抽象化的“资本棋子”以及“行尸走肉”。具体的人的层次是复杂的，动机是复合的，真实的职场、真实的人并不是非黑即白，每个人、每个组织都试图在灰色地带中寻找安身立命的位置。

“不妥协”可以是引导社会向积极方向发展的力量，也可以是拒绝改变的铠甲和借口，更可能是不自觉地沦为伤人的刀。

当我们谈论“不妥协”的时候，要知道这种态度是在帮我们明确为人处世的底线，而不是拒绝世界和攻击世界的借口。如果对世界一直处于一种抽象层面的“不妥协”，我们就会离现实世界越来越远，对社会的批判就会失之偏颇，而这种偏激的能量最终会重新返回我们身上。

为了自己的身心平衡，我们可以积极地融入环境和适应环境，在这个过程中去细化更为具体的处事原则，找准自己与其他人和谐共存的那一根根线。这有赖于积累足够多的体验和经历，而能够积累的前提是有适应真实世界的主动意识。“适应”是一种能力，“不妥协”是一种态度，这两者是可以共存的。“适应环境”不等于“向邪恶妥协”，改变对这些抽象词的看法，有助于改变我们对世界的看法，对我们的价值观更有现实的指导意义。

2.“管理”不都是“PUA”[1]

很多职场新人对“管理”都是非常抗拒的，理想中的工作是一种扁平化的工作方式，没有明显的层级关系，就算有层级也应该充分尊重人的个性和意志。

“大家围绕一个课题，按自己的想法自由发挥，各自发光发亮就很好。如果可能的话，不交流也无所谓，反正我能独立做好分内的工作。”

如果我们是这样的想法，那或许更适合去当一个独立艺术家，而不是到企业来打工。从企业发展的角度来讲，这是一种“小作坊式”的思维方式，是现代企业的前身：自己占有生产资料，自产自销，自给自足，这样就能把别人对自己的影响降到最低，更多地尊重个人的独立意志。

当然，很多创业者起步时走的也是这条道路，前提是有自己的生产资料，以及有将生产资料转化成产品的技术，同时知道社会财富具体是怎样运作的——其中必不可少的就是社会经验。然而会有这样的想法和期望的新人们，往往是不具备这些条件的，所以才需要到企业中做一个打工人。一旦进入了更大的平台，我们就在共享不属于自己的生产资料，参与更精细的社会分工，付出时间和劳动，完成工作任务，获得相应的报酬。为了让这种分工合作能够保证生产效能，令本来无序的人、事、物变得有秩序

[1] PUA：全称“Pick-up Artist”，原意为“搭讪艺术家”，后来引申为在一段关系中一方通过言语打压、行为否定、精神打压的方式对另一方进行情感控制。

地运转起来，就需要管理的存在。

有一些职场新人了解到这一步就已经很头痛了，这似乎意味着个人在社会分工里就是被物化的。为了有序的生产，人变成了一种资源，失去了情感属性，只剩下功能属性，这是他们最不愿意看到的角度。

对企业的运作有了基本的了解之后，他们可能会对自己的上级感到失望，无论领导说什么、做什么，他们都会觉得自己不过是“资本的棋子”，而“资本”等同于“邪恶”。一旦和内心的道德感挂上钩，他们就可能会想在心理上和管理者割席，认为所有的管理控制手段都只是在PUA，尤其是在这些管理措施让自己感到不舒服的时候，一下子就把这些“不舒服”归结成制度的错误。而承受他们这种批判的，通常就是他们能直接接触到的上级领导。

在这种想法之下，其实他们也已经不自觉地物化了具体的个人。实际上，他们的领导也一样只是一个有血有肉的“打工人”，有这个层级普遍的无奈和辛酸，只是新人们暂时还无法感同身受，更倾向于和领导站在对立的立场，忽略了他们实际上应该是合作的关系。

管理者由于对内夹在上下级之间，对外夹在公司和客户之间，往往面临着巨大的精神压力，这种压力经常会不自觉地转嫁到他们能接触到的下属身上，他们自己甚至都没有觉察到。这当然不是说他们可以仗着压力和权力就乱发脾气，而是这已经成为一种普遍的职场现象，无论在什么平台，几乎都是差不离的。在我们还未拥有足够的话语权之前，究竟应该怎么去面对这种情况？是拼上自己的职业前途直接进行对抗，还是有其他更柔和、更理性的应对方式？

改变自己是非常困难的，但比起改变其他人，那还是相对简单的。如果我们还不想放弃现在的岗位，那就需要静下心来，抛开对“管理”这个行为生理上的厌恶，对具体的、你能接触到的管理者进行冷静思考：

· 他的性格是怎样的？
· 他的人品是怎样的？

“性格”和“人品”是两回事，一个脾气暴躁的领导可能人品是端正的，一个性情温和的领导可能是笑面虎。但更普遍的情况是，每个人都会有阴暗面，每个人在职场上都会戴着面具，我们很难去判断别人的行为哪些是有意识的，哪些是他们自己也意识不到的。所以我们还需要从具体事件的动机进行分析：

那些令我们感到不舒服的管理手段，更多是为了做好事情，还是更多为了管理者自己？然而现实情况是，这两者并不矛盾，所以评估的标准就变成：

· 他在追求自己利益的时候，有没有刻意地损害我们的利益？
· 他的行为是否只是在制度之下的合理分配？

如果是前者，我们有充足的理由去相信自己的愤怒，并且采取必要的手段进行自我保护。但如果是制度之下的合理分配，我们依然觉得付出和报酬不成正比，那问题要么出在制度上，要么就出在我们自己的主观感受上，这需要我们去跨企业收集信息来进行横向对比，才能得到理智的答案。

如果我们觉得自己情绪困扰的来源是直属领导，我们首先必须承认一个事实：如果我们领导的能力和人品真的都堪称完美，他很有可能已经晋升到更高的位置了，又或者已经在更好的平台发展。基层人员永远对自己的领导不够满意，因为说到底他和我们一样都是“普通人”而已，也在努力地适应他能进入的最适合自己的环境。

有了这个认识之后，我们再评估他有没有PUA的动机，这样能更好地避免对别人“扣帽子”。“先入为主”是很多误解和冲突的来源，渐渐发展到水火不容的境地。如果我们觉得情感上长期受到了伤害，价值感持续地降低，以至于在这个环境里开始有种“行尸走肉”的感觉，不妨找个时间和自己的领导开诚布公地聊一聊。

如果他只是一个人品正常的“普通人”，通常会认真考虑我们的说法，并在后续作出相应的调整和改变。无论最终的效果怎样，我们都会看到他的努力，能够相应地减少不信任感所带来的精神内耗。

如果他的反应激烈，继续贬低我们的价值，发泄情绪过后也不作出任何改变，还是一味地想按自己的意愿来塑造我们，那无论他是不是有PUA的动机，都是我们考虑离开的时候了。这至少证明了大家彼此之间的心性是真的磨合不来，与其在这样的环境里耗尽心力，不如在做好规划之后尽早离开。

INFP

“外界的声音一直在告诉我：什么是对的，什么是错的，什么才是我应该去做的事情。我似乎在这个时代逆风行走，但我不会轻易地妥协，谁也不能剥夺我灵魂的自由。就算我的理想和坚持不一定能真正地实现，但是只要信念不倒，希望就会永远存在。”

· INFP | 知行合一的求索者

核心动力 贯彻信念

辅助潜能 探索突破

摇摆区间 梳理沉淀

长期课题 管控推进

INFP是16型人格里最贴近**理想主义者**的类型。他们很重视内心发出的每一个声音，这些声音时不时在大脑里进行各种沟通和辩论，主题经常围绕着**“我究竟是谁”**以及**“真理是什么”**。许多INFP通过文、史、哲、艺术来进行广泛的探索，但探索的核心通常离不开“人”，尤其是**“人文精神”“伦理道德”**与**“社会发展”**之间的关系。

他们是所有人格类型里最清楚自己内心想法的，却总是倾向于认为对自己的了解还不够深入。他们能够清晰地看到自己不同的面，并经常努力协调内心的矛盾和冲突。

“这不像我会做出来的事情。”

叩问自己的灵魂令他们持续地成长，并逐渐形成一套独特的价值体系和信念体系，以坚定的信念和清晰的原则来引导人生方向。出于对自身感受的深刻理解，他们也会对有相似经历的人产生最深切的共情。

然而他们这种发自内心的强烈情感和信念，却并不倾向于直接表达出来，而是采用各种方式进行隐晦的表达——可能是沉默、可能是自嘲、可能是搞怪，又或者是通过文字、诗歌、绘画等文学艺术形式进行迂回曲折的暗示，采用什么方式取决于INFP本人在成长的过程中所习得的生存手段。

从外人的角度来看，他们可能是有点飘忽不定的：有时候非常活泼、灵活和自由自在，有时候却显得坚硬、忧伤和阴晴不定。尽管他们表达情感的方式各不相同，但不经意间的真情流露，却会令人感到冲击人心的巨大能量。

他们通常特别注重**“真实”**，强烈需要对自己彻底地保持诚实。他们希望自己在复杂的社会环境之中能够保持纯粹，以身作则、从我做起，其中通常会包括**“真诚”“正直”“善良”**和**“责任心”**——但这与他们身处哪个组织无关，与社会的期望也无关，仅仅是出于纯粹的自我要求。对于这些抽象的道德词语，他们有一套自己的解释，而不依附于主流观点。

他们往往是心怀梦想的，但未必会有非常明确的职业目标。有可能的话，他们会希望找到理想中的组织，通过在工作中默默地坚持这些美好的品质，试图改变组织风气，乃至改善社会环境。

他们尊重别人的生活方式，也希望别人尊重自己的生活方式。每个人都能做真正的自己，就是他们认为的最理想的状态，但他们并不想强烈地表明大家“应该”怎么做。随着阅历的积累，他们的内心会形成一套越来越明晰的评判标准，一旦别人越过最基本的底线，将会激起他们强烈的反弹。他们对于如何适应和改变外界的标准可能一直是模糊的，但他们自己内心的道德底线却十分清晰。

只是大多数情况下，他们会默默地协调内心的不适，作出温和的回应——或者根本不作出回应，不熟悉他们的人比较难察觉出他们爱憎分明的特点。他们倾向于相信真心可以不通过具体的表达就能被感知。他们会将别人无意中做出的善意之举默默记在心上，并在合适的机会默默地进行回报——有时候会表现为：对别人无意间的冒犯行为在内心进行容忍和宽恕。

然而并不是所有人都有那么敏锐的情感神经，他们可能会无视INFP的善意和忍让，慢慢侵蚀INFP的边界。例如肆无忌惮地开令人不舒服的玩笑，肆意评价他们的审美（如衣着和音乐爱好等），以及不断让他们帮忙做超出职责范围的工作。INFP可能会通过各种方式进行暗示，但别人还是继续得寸进尺，最终令INFP不堪重负。

当他们爆发的时候，别人通常会感到惊讶，认为他们为何突然这么情绪化，而INFP也惊讶于别人的惊讶：他们已经做了无数次的表达，别人为什么就是听不懂呢？

这种“越界”现象还经常发生在管理者对下属的管理中，INFP会很容易感受到制度对个人的压迫，无论是发生在自己身上，还是发生在别人身上，都会令他们异常愤怒。在他们还没扮演更高层的角色时，他们倾向于对侵害个人自由的大多数管理活动感到不理解，无论这些活动从事务的角度来看是不是正确的做法。

有时候他们会突然“满身武装”，被一种**英雄主义式**的力量所笼罩，与管理者针锋相对。从短期来看，这可能会令他们争取到某些权利，例如更合理的加班时间和人员分配；但从长期来看，管理者可能会将他们视为难搞的对象，或者在心里给他们打上“没有大局观”的标签。

这种“理想”和“现实”的矛盾容易给INFP带来严重的内心冲突，协调理想与现实的矛盾是他们生活中的一大主题，他们表面可能是波澜不惊的，内心却经常汹涌澎湃。非常多INFP在年轻时会受到情绪问题的巨大困扰，如果情绪问题得不到解决，可能会严重影响他们的工作效率，工作效率的降低又进一步打击他们的自信心，造成更多的情绪问题。

在职业生涯早期，他们可能会对领导者和管理者嗤之以鼻，对组织的运作缺乏兴趣——尤其是在企业如何盈利和如何进行薪酬分配等方面尤为反感，不想被资本和权力侵染自己的内心。

天生的情感导向令他们排斥权力和制度，但实际上他们是希望自己有能力的。如果可以的话，他们会希望运用自己的信念和能力去建立更合理的规则和制度，以此来造福更广泛的群众；如果做不到那样的高度，他们至少会希望自己有能力作出自主的选择，在必要时不被强权所胁迫。他们中的很多人最后都会接纳这样的想法：

岂能尽如人意，但求无愧我心。

当他们投身更广阔的世界进行探索，真正地看到了人生百态，开阔的视野将令他们不断地获得自我更新。随着他们对自己和他人的理解越来越深刻，他们最终将以更灵活、诙谐、开放的形象展现在众人面前，同时内心不再摇摆不定。没有人比他们自己更清楚，**“做真正的自己”**意味着多么巨大的精神价值，它远超过世俗的利益和评价，同时，他们也会越来越清楚自己可以用轻松自如的方式来应对艰难的挑战。

· 对INFP职场新人的发展建议

1.用开放的心态倾听与评估

INFP通常是非常尊重个体独立性的，他们善于发现每个人身上的闪光点，但在面对社会、企业、组织等集体抽象概念时，这种“欣赏”的天赋却又容易失效，变成一种坚决与之对抗的预设立场。尤其是当个体成为组织的“代言人”时，他们可能会直接关闭倾听通道，认为“代言人”是被资本异化的机器，而机器的声音只不过是在试图洗脑。

INFP有敏锐的态度和立场意识，能清晰分辨语言背后所倡导的价值取向，但也容易因为态度和立场问题将外来信息一棍子打死。这虽然有利于保持他们的独立性不被侵害，但也堵住了他们获取新信息的通道，切断了和组织联结的机会。

INFP可以令自己对“排斥感”有所觉察，将“信息”和“判断”进行切割。别人说了什么具体内容，内容本身只是信息，信息有其存在的价值，但自己喜不喜欢、接不接受、采取怎样的方式去应对是另一回事。

首先INFP要完整地接收信息，将信息本身和信息背后所传达的价值观进行区别对待，才有利于保持真正的全局视野，作出客观理性的判断，而不是被自己预设的立场和产生的应激情绪牵着走。

2.从不同的渠道了解组织运作的方式

INFP通常对企业、组织具体怎样进行经营管理不感兴趣，但对企业、组织榨取员工剩余价值，视员工为“牛马”的社会现象却非常在意。INFP通常可能会在互联网上广泛获取相关资讯，并为打工人感到愤愤不平，视企业家为吸血鬼，排斥与任何“资本家”或“资本家的棋子”产生共情，并且他们可能会将这种与

“概念中的资本家”割席的态度带进现实世界，清晰地感知到所在组织对个体的剥削，进而拒绝“同流合污”，形成不配合的工作态度，影响个人在组织中的发展。

如果INFP培养出独当一面的个人能力和影响力，又或者他们本身经济条件足够富足，那么他们极有可能成为社会变革的积极推动者，为改变社会风气坚定不移地作出贡献。退一步说，他们至少可以帮助组织创造和贯彻积极的社会价值，是正向理念的践行者。但这样的前提是INFP能广泛地听取不同的声音，对真实、具体的组织运作现状有清晰的认知，不然可能会被某些特别容易煽动情绪的声音所利用，变成自己最不希望成为的“棋子”。

这需要INFP有广泛获取现实信息的渠道，能够在和亲朋好友的交流中了解各行各业、各个组织的经营管理状况和员工待遇。

这时候INFP可能会产生一种“天下乌鸦一般黑”的消极情绪，并且认真地思考自己的职业规划，寻找真正符合自己价值观的工作。一旦迈过了心理上的这道坎，接纳了现实的不完美，知道个人价值的实现不能完全指望于任何组织，他们就有机会重新评估组织和个人的关系，理清自己作为一个独立而真实的个体所存在的价值，发挥主观能动性，做好自己当下力所能及的事情，影响组织朝着积极的方向发展，同时不受单一的组织评价所影响。

3.和不同角色的人交流想法

INFP通常乐于和别人交流想法，从他人的想法里获得对自己人生的启示，并且也乐于帮助他人得到新的启示。然而在职场中的INFP，可能会因为阶级对抗意识而排斥和自己的领导以及客户进行交流，将这些人视作“他者”，而不是当成一个真实独立的个体。长此以往，INFP可能会将自己的认知范围局限在身边同龄人的共同想法之中，一起吐槽组织的不公和社会的黑暗，陷入狭窄的批判情绪。

这对于极其尊重个体独立性、排斥组织物化个体的INFP是一种警示：自己是不是在某种意义上也物化了他人，仅仅因为他人的“角色”是自己目前还不能感受和理解的。从长远的角度来看，我们始终有很大可能会变成另一种“角色”，可能是别人的领导，也可能是别人的客户，如果能提前知晓这些“角色”的扮演者作为一个“人”的真实情感和想法，会大大地拓宽我们对世界和全局的理解。

这不是要我们与为恶者“共情”，而是要更好地理解善恶、好坏、对错之间的灰色地带，理解他人在灰色地带中的矛盾和痛苦，让自己在未来会踏入的灰色地带里作出正确的抉择，而不是局限于当下非黑即白的小世界里。

“生活不应该被工作填满，真正的幸福存在于点点滴滴的瞬间。只是在这个过于功利和浮躁的世界，有多少人能静下心来慢慢欣赏一朵花的美好呢？理智不能解构一切，生活的美需要用心感受。更重要的是，我们都需要有停下来的勇气。”

· ISFP | 静水流深的美学家

核心动力	辅助潜能	摇摆区间	长期课题
贯彻信念	即时反应	深远觉察	管控推进

ISFP是**“现实的理想主义者”**，通常被认为是有**艺术家气质**的类型。他们未必拥有具体的某些艺术天赋，但他们的生活风格往往透露出强烈的美学气息，其生活本身就是一场巨大的艺术创作，如清晨的一束阳光，午后的一杯咖啡，夕阳照射百叶窗时落在书桌上的光影……生活中处处都存在美好的瞬间，这些美好会很轻易地被他们捕捉到。如果他们学习了某项技艺，那么他们会很轻易地将这些生活的画面转化成艺术表达，可能是摄影、可能是绘画、可能是乐器、可能是茶艺……ISFP会将发自心灵深处的真情实感注入具体的载体之中，记录和传递生活的美好。

他们通常显得悠闲自在，但又具有烟火气息，能比较好地适应社会环境。这会让一些人误以为他们是温和友善的老实人，实际上他们更像**“带刺的玫瑰”**，以优雅浪漫的姿态装点生活，根茎却隐藏着尖刺——他们本质上是忠于内心、忠于真实的“真我型”，对社会环境始终有一种沉默的不妥协。

ISFP和INFP一样，在组织中倾向于默默地工作，并被发自内心深处对**“责任心”**的认同感所驱使，将工作做到力所能及的尽善尽美。由于ISFP更关注现实感官信息，当他们从事的是艺术、设计、制作类的工作时，容易有具体细节上的完美主义倾向，将大量的时间倾注在把每一个细节做得至臻完美上，所以他们通常是最有**匠心精神**的一群人。

然而这种尽心尽力的投入未必会在职场上换来相应的回报，当他们的每一个“作品”（甚至是他们本人）最终被以产值、效能、客户满意度等具体数据来衡量的时候，他们可能会遭受不同程度的打击，对现有的组织和制度感到深切的失望。

他们坚定地认为有很多价值无法用具体的数据来衡量，且对权力和制度天然回避。ISFP在职业生涯早期很难提出成熟的价值衡量系统，这导致他们可能会长期在薪酬回报上找不到合适的衡量尺度，不知道自己的能力和贡献对于组织而言究竟“值多少钱”。直到有意或无意得知身边同事的薪酬，才霍然惊觉自己似乎遭受了不公平的待遇。

ISFP通常拥有过人的细节观察能力，并且能通过少量的细节线索，拼凑出他们所认为的“真相”。他们习惯**“暗中观察”**，在必要的时候会作出非常迅速的反应，但这种机敏通常掩盖在他们缄默随和的外表之下，不被周遭的人发现。

他们相信自己具有穿透本质的洞察力。然而当事情的发展轨迹和自己预料的不一致时，他们会很容易转向观察别人的具体行为，以别人的眼神、动作、声音、语调和具体的行动来判断他人是否言行一致。

然而他们洞悉人心的能力发挥并不稳定，有时候非常准确，有时候却可能导向非常荒唐的结论。但他们都倾向于记住自己成功发挥的时刻，忽视自己发挥不好的一面，因此他们可能会误认为自己非常善于预估和猜测。

无论他们是不是真的“看”到了真相，对他们自己造成的更大影响是：由“猜疑”所带来的“不安全感”。尤其是在职场中，这通常表现为对领导的信任程度摇摆不定。他们容易过度受到感官信息的影响，别人不经意的一个眼神、一个动作和一句话，都可能会给他们带来情绪上的起伏。

相较于INFP对文史哲及身体和心灵领域有浓厚兴趣，ISFP更喜欢具体有形的事物。这会令INFP和ISFP在完整表达想法上，各自遇到不同的困难——INFP普遍拥有更高的语言天赋，但可能会出现“散文诗”式的表达风格，包含大量碎片化的情感和隐喻，令人产生迷惑；而ISFP则不倾向于直接用语言沟通表达，他们更需要借助实际行动和艺术载体来寄托自己的想法。

无论是哪种表达习惯，INFP和ISFP都容易在职场上遭遇沟通问题。当他们一次次因为沟通上的误会而造成工作上的失误时，他们可能都会突然展现出一种异常强硬的姿态，试图用强势的手段把局面给控制住。这时候的他们显得尤其咄咄逼人，一反他们平时温和友善的态度。但当他们被评价为“脾气不太好”的时候，他们可能会感到非常受伤，因为这并不符合他们认同的自我形象。

ISFP对生活有种随心而至的流动感，通常拥有非常好的环境适应能力，能在动态的新环境里敏锐地进行观察，迅速地融入并找到生存之道。“与环境同频”是一种特殊的天赋，这意味着在变化的环境之中，他们有更大的概率得到良性的刺激，并且激发出超常的活力。

但并不是所有人都拥有这种天赋，不少人会因为对变化的信息过敏而达不到应有的水平。大多数ISFP还会倾向于忽略自己的这种能力，这有可能是因为他们对自己的能力整体评价偏低，以至于很难分辨出自己拥有某些过人的天赋——尤其是这种天赋并不依托于专业技能，而是一些抽象的软实力。同时，对其他人的不信任感也会限制他们才干的发挥。善于观察的同时，也意味着他们可能会收集到大量令自己感到不安全的信息，因此培养“自信心”和“信任感”是ISFP所面临的重大挑战。

在最好的状态下，他们是快乐、松弛和自由自在的，以灵魂的充分自由来带动、塑造和影响外界环境的相对自由，将灵魂深处纯粹的“美”带到现实世界中。

· 对ISFP职场新人的发展建议

1.在集体活动中展示隐藏技能

ISFP是所有人格里自信心最低的类型之一，他们常常将自己出色的表现视作平平无奇，认为自己的实践成果远远达不到内心设定的标准。即便他们可能身怀各种才艺，也不爱轻易地秀出来，这可能源于他们对现实世界有客观精准的评估——世上人才千千万，身为地球村里的普通人，我所谓的“才艺”不值一提。他们不喜欢也不懂得虚张声势的艺术，他们欣赏真实也践行“真实”，通常而言，他们是过度低调的。

这可能会导致ISFP错失被看到的机会，人们认为他们最优秀的品质就是低调、勤奋、细心和实干，忽略了他们隐藏的才华，也忽略了他们极其灵活的一面——可能他们自己也意识不到。

ISFP通常是乐于尝试各种活动的，对于外出考察和团建活动并不排斥——只要不是过度占用私人时间，将团建搞成“洗脑”大会。集体活动对于ISFP来说是非常好的展示舞台，在这种没有明确指标要求的场合里，可能会激起他们贪玩和好胜的一面。一旦他们半推半就地走上了表演和竞技的舞台，就会很快地融入现场的氛围，充分发挥自己的才干，显现出非常灵活、真实和热情的一面，赢得团队的掌声和惊叹。如果他们的领导足够敏锐，可能会在这样的活动里看出他们的潜能，改变他们长期蛰伏的状态。

2.用介质来创造松弛的氛围

对于ISFP而言，“真诚”和“信任”是他们在人际交往中最重视的部分，但他们并不倾向于刻意地去创造社交条件，主动地结交不同的朋友，而是随着具体事件的推动，自然而然地和身边的人形成深刻的联结。可能是在一次艰难的攻坚作战里产生的友谊，可能是在困境中意外地感受到了别人的善意，这些充满了戏剧性和偶然性的事件，成了ISFP和他人联结的重要节点。然而在这些节点到来之前，他们可能会感到非常孤独。

ISFP不但情感非常强烈，而且通常拥有极其敏锐的观察力。他们拥有超强的感官系统，对其他人细微的表情动作极其敏感，并会从中甄别出别人和自己的气场是否相容，甚至解读出他人对自己的评价。有时候他们并不能细致地分辨出其中的道理，但他们坚信这种说不清道不明的感觉，并将其归为对他人有“敏锐的直觉”。这样的识人方式或许有效，但也容易吸收大量不能被证实的外界情绪，令自己陷入消极的状态，甚至因为情绪问题令自己无法静下心来安心工作，需要花费时间和精力来调整工作节奏。

如果这些情况对日常工作造成了困扰，那不妨主动地行动起来，通过一杯咖啡、一杯奶茶、一包零食、一份手信作为情感沟通的媒介，在轻松的氛围之中进入和身边人闲聊的状态，了解别人真实的想法，而不是止于猜测。

ISFP对其他人的气场非常敏锐，但可能察觉不到自己的气场也非常明显。随着心境的改变，他们周边的整体氛围会有强烈的变化。一旦主动卸下社交上防御的外壳，将休闲的生活方式带入职场，他们通常会产生一种令人感到松弛的“魔力”。这种魔力源于他们自身闲适自然的生活态度，这种态度会不知不觉地令他们身边的人感到放松，也会让他们很自然地成为团队中令人喜爱的伙伴。

但也要留意：“慢节奏”可能会被一些管理者视作威胁，进而导致管理者施加更强硬的管控手段。同时要警惕将自己的领导、客户视作“他者”，相信人与人之间的共性大于差异性，无须认同他们，但可以理解他们。体现自己专业性的同时，保持松弛的状态将有助于创造良好的人际氛围。

3.及时表态以建立原则边界

当ISFP在职场中建立起人际关系后，可能会面临一个问题：因为他们非常真诚、友好和善解人意，别人可能会不自觉地侵犯他们的边界，令他们承担起不属于自己分内的责任，或者不尊重他们的个人意愿，开没有边界的玩笑，贬低他们的个人价值。

ISFP平时可能会为了维持好不容易建立起来的人际关系而一直隐忍，直到有一天突然感到忍无可忍，他们就会在一件别人看起来很小的事情上显得特别强硬和愤怒，令人觉得莫名其妙。在ISFP的感受里，这样的发火是事出有因的，整件事情的过程是连贯的，所有的事情都证据确凿。但对他人来说，这件事可能是一件孤立事件，看不到其中的前因后果与内在逻辑，这可能会导致ISFP的职场人际关系陷入僵局。

因此ISFP需要对人际关系经营有一定的意识，在建立信任的过程中，可以跟随自己的内心，不刻意引导人际关系的建立。这也是ISFP最舒服的交友方式。但是在人际关系的维系上，要学会及时用语言来表态。

每次当别人侵犯到自己的边界时，ISFP可以尝试明确地说出来：

“你这样说，我可要生气咯。”

“你这样说，让我有点难受。”

不评判他人做法的对错，但表达出他人对自己感受上的影响。这样的表达方式有利于他们在日常生活中就让别人感受到原则和边界，让别人知道他们是有棱角的，只是选择用温和的态度处理关系与问题而已。如果有朝一日ISFP采用了强硬的态度来面对矛盾，那一切也是有迹可循的，因为他们早已作出了充分的表态。

这种短期的小摩擦可能会造成别人一时的不快，但长期来看，却能维持良好的关系。当大家慢慢地搞清楚了ISFP的原则和边界后，ISFP就可以不用再小心翼翼地隐藏自己的真实个性和情绪，可以更加舒服地做自己，将处理关系矛盾和情绪问题的时间与精力花在对自己和组织而言真正有价值的事情上面。

·“真我型”的中长期职场画像

“真我型”的职场成长过程，是在**“保持真实个性”**和**“适应外界制度”**的矛盾中进行的。天性里对制度的敏感和抵抗，可能会令他们无意担任领导者的角色，而是更关注自己灵魂上的成长。但当他们有意无意地走到这一步时，他们通常会成为业界的良心代表和独树一帜的创新标杆，以震撼人心的号召力和感染力著称。

在最佳状态下，他们能发展出异常强大的信念感，明确将自己的价值体系和信仰体系作为行动指南，并采取理性的手段改良现有的制度。在必要时采取果断且公平公正的方法来分析、评估和解决问题，以身作则，以德服人，温柔而坚定，令身边的人感受到深沉、深刻且无比真诚和真实的力量，为组织的发展乃至社会的发展注入灵魂，从内心深处唤起团队成员的精神力量，形成坚实的精神内核和势不可当的工作冲劲。

这个过程并非一蹴而就，作为长期目标和终身学习的范畴更加适宜。为了达到这个长远的目标，“真我型”可以在以下方面有意识地积累经验和培养能力：

- 目标导向的逻辑思考
- 制订计划的能力
- 管理资源和分配资源
- 推动发展的能力
- 拆解任务的能力
- 建立系统的能力

在这个积累和学习的过程中切记：

坚定、果断、不忘初心，温和地践行理想。

第四章

分析型的“精确”与“尖锐”

· 导言

↓ **主要性格特点**	↓ **主要内心冲突**
· 注重挖掘问题的本质 · 寻求精确的逻辑闭环 · 敏锐地发现逻辑漏洞 · 批判精神与怀疑精神 · 保持冷静客观中立 · 信任独立思考框架	· 容易显得漠不关心 · 容易尖锐而不自知 · 容易回避人际关系

INTP和ISTP在荣格的术语里统称为**“内倾思维型”**，为了照顾大多数读者，本书采用**“分析型”**进行替代。

对于“分析型”而言，**“独立思考”**和**“逻辑闭环”**是最重要的内心需求。如果他们的工作目标可以让他们独立攻克难题，验证他们的逻辑分析能力，证实他们的聪明才智，他们将会摒除一切无关的干扰，产生无穷无尽的驱动力。他们对“理智”有很高的自我认同，希望所有人都能保持头脑的清醒，极力追求客观辩证。在思考的过程中，他们会自然而然地进入“无我”的状态，用旁观者的视角看待所有问题，包括他们自己也是被审视的一环。在大家对事情进展毫无头绪并且陷入焦躁的时候，他们最能保持冷静，帮大家理清思路，简化问题，找到症结所在。

他们遇到的阻碍通常是**“关系建立”**和**“情感表达”**，原因是他们潜意识里认为来自外界的情感因素会干扰他们理性的头脑，令简单的问题变成一团乱麻，所以天然地抵触陷入情感关系。

然而，他们在潜意识里同样渴望和他人建立情感联系，希望自己原创的想法能被认可，希望自己的冷静可以帮助他人，而不是在无意中伤害到别人，再被别人所伤害。只不过让他们直接表露自己的情感、投身频密的人际交往之中，会令他们感到巨大的排斥和压力。他们需要在和外界交流观点的过程中，突破自己看似天衣无缝的思维枷锁，自然而然地和其他人建立情感联系。

分析型的基本特征

重视个人化的思维框架和自己的聪明才智，信任绝对的逻辑，希望验证自己分析所得的客观真理，然而通常会显得言辞尖锐和不顾其他人的感受，在个人想法的有效实施以及处理好人际关系方面存在挑战。

· 典型情境

Ethan | 程序员 | 两年工作经验

Ethan是个逻辑推理高手，擅长在代码的迷宫中穿梭，找出潜藏的漏洞。他的工作哲学是：与其花费大量时间修补漏洞，不如一次把事情做对。同事们经常看到他用巧妙的方式编写出几乎无懈可击的代码，他为此感到非常自豪。这种自豪感与其说来源于成果近乎完美，不如说源于他证明了自己对逻辑的深刻理解。

在他看来，问题之所以成为问题，往往是因为人们未能看透其底层的逻辑结构。

他总是能独立解决手头的难题，但别人接手的时候，经常很难衔接上他的工作——他的方法太独特了。另一方面，他十分抗拒时间表和制度的管束，认为这些规矩不过是束缚缺乏自主思考能力的人的枷锁罢了。

领导看到了Ethan的才华，但同样看到了他的局限性——过于依赖单打独斗。为了让他学会团队协作，领导让他担任小组长。Ethan内心对管理并不认同，他认为管理是一种不合逻辑的存在。他尝试鼓励团队成员平等交流和自由发挥，而自己也保持着随性的工作节奏。

直到有一天，一位组员忍无可忍，对Ethan的工作安排提出了异议，组员表示再这样下去，工作任务是无法按时完成的。Ethan轻松地回应："不用担心时间，大不了最后通宵。"这番话引起了那位组员的暴怒，第二天直接和领导提出退出小组。Ethan对此感到困惑不已：

“我哪里惹到他了？情绪真的是毒瘤。”

他默默接过这位组员留下的烂摊子，开始重构混乱的代码。

遇到这样的难关，他的领导只好强势介入，安排大家周末加班。然而Ethan认为周末属于个人时间，应该按自己的意志来分配时间。当他午后悠悠地来到工位时，发现领导已经在替他操刀编码。他直接对领导说：“不要插手我的事务，每个人的工作逻辑不一样，这样会拖慢进度。”

领导叹了口气转身离开，Ethan把领导半天的工作又重新按自己的逻辑改了一遍。这一次，他的整个团队连续熬了两个通宵，终于赶在项目交付前踩点完成了任务。Ethan并没有因为熬通宵而感到不快，反而因为按自己的方式取得成功而感到兴奋。然而，他渐渐意识到，同事们对他的态度发生了微妙的变化，在后续的工作中，他越来越多地捕捉到别人闪烁的眼光——似乎大家在背后偷偷地议论他。他慢慢地察觉到自己被边缘化了。

Ethan开始思考工作的意义，他得出了一个简单的结论：工作本质上不过是一场交易，其他都是不重要的。自从想清楚了这件事，他变得更加直率，无论在什么场合，他都毫不留情地表达自己的看法——只要自己践行的是真理，不用顾及“愚人”的眼光。然而每当涉及协作时，他都感到难以名状的痛苦，一种不可抑制的情绪似乎悄悄地在将他吞没。

· 核心问题

思辨能力比同龄人更强的职场新人，通常会轻视两个方面：一方面是“规则”的必要性，另一方面是“团队”的重要性。单独看“规则”，一个职场人如果有足够的专业能力去解决岗位职责上需要解决的问题，似乎各种规则确实也没有存在的必要；单独看“团队”，一个职场人如果单打独斗就能完成职责范围内的工作任务，甚至一个人能顶三个人，那团队好像也不是需要重点关注的。

但这只是针对简单的情况，个人的时间、精力和潜能的有限性注定了这种模式不可持续。现代企业之所以存在岗位分工，就是为了通过更科学的协作方式，来进行资源整合和提高产能，以实现1+1＞2的效果。

良好的团队协作可以更好地提高整体产能，这一观点已经是在社会层面广泛验证的事实，也是绝大多数企业管理层最基础的意识。在这种意识的指导下，企业层面势必希望“单打独斗”的人能够更好地加入团队协作，以创造更高的产能。

既然选择了在企业工作，团队合作就必然存在，而团队能够协同一致的基础就在于“规则”。因为每个人的出身不同、价值观不同、能力不同、需求不同，如果让每个人完全按照自己的性子行事，必然会产生矛盾冲突，只有明确的“规则”可以作为外部的基础约束力，减少沟通协调成本。

如若不希望僵化的“规则”束缚个人的独立性和创造性，除了需要不断地优化和更新规则，还需要依靠“人治”来平衡——充分理解人性，理解人与人之间关系的本质，理解情感的复杂性，激发大家自主前进的动力，让大家朝着同一个目标努力。

但这对于注重思想独立性和思辨能力的新人来说，存在两个方面的阻碍：一方面他们可能会觉得这种观念意味着“洗脑”；另一方面他们自身就对“情感”有压力，难以理解为什么有的人就是不能做到就事论事，看起来总是被情绪所掌控。

无论是规则还是团队，对于他们来说都可能是对“独立思考”的束缚。受独立思考这一强大内驱力的驱使，这些职场新人可能会在质疑规则、质疑管理、质疑团队协作、建立自己的职场生存逻辑上投注大量的心力。

“思想独立”“社会规则”“集体共识”之间的矛盾是他们职业发展问题的核心。

随着时间的推移，他们可能会坚信自己的职场逻辑相当客观，相信只有自己看清了职场本质，其他人只是在“瞎忙”。如果他们没有找到持续让自己打开视野的信息渠道，他们所领悟出来的“职场逻辑”可能会和现实的情况产生严重的摩擦和对抗，令他们在职业发展和人际关系两个方面都受到挫折。

所有的职场年轻人都可能会有这样的心理和阶段，但在人格类型学里，INTP和ISTP这两个类型最容易深陷在这样的境遇里，并在很长一段时期内都找不到突破口。

·“分析型”的心理摩擦力

1.不想遵循既定流程

他们倾向于认为既定的制度、流程和框架是一种束缚独立思考的牢笼。他们的自我成长历程就是不断地完善自己内部框架，并在内部框架的指导下分析问题和解决问题的历程，这会令他们更信任自己的聪明才智，而不是信任外部给定的标准。这有益于他们把问题想得通透彻底，超越大部分人对问题的理解，不盲目跟随而是保持独立清醒，但同时也可能会让他们陷入“重新发明轮子”的陷阱，造成效率上的损耗。

2.盘清逻辑之前行动困难

他们的兴趣通常集中在对问题的盘根究底上，而不是在工作中产生的实际效果上（在这点上INTP尤为明显）。这可能会令他们花费大量时间来研究任务的来龙去脉，搞透项目内部存在的每一个知识点，即便那些知识点跟自己任务的达成毫无关系。这种“求知欲”是激励他们不断成长的重要因素，但也可能令他们将个人喜好置于工作任务之前。如果他们的工作任务涉及团队合作，可能会导致别人评价他们“拖延”和“分不清重点”，进而产生工作摩擦。

3.盘清逻辑之后丧失动力

由于人的时间和精力都是有限的，当他们将大量的时间和精力花在盘清逻辑上，等到了真正要推进下一步工作时，他们可能会丧失兴趣和动力。他们可能会无意中受到这样的心理过程影响：接下来的工作只不过是简单的执行罢了，原理已经想通了，实在不想把时间花在确定无误的事情上。如果他们所从事的工作就是止于分析和评估，或许这未尝不是一种理想的状态；但如果他们的工作内容还包含了拿到具体的成果，那么他们就不得不面对时间不够而动力又不足的困境，还可能会被合作的同事埋怨他们的时间规划有问题。

4.难以不当场指出逻辑漏洞

他们对于逻辑漏洞拥有敏锐的嗅觉，其他人说话前后是否一致、表述是否清晰、缺少了什么信息、哪些地方含糊其词，他们都能敏锐地发现。对于帮助团队理清思路和发现工作漏洞，他们拥有非常强的自信心。然而他们可能会忽略当下的环境氛围，忽略在场人士错综复杂的利益关系，以一种直言不讳的方式，不合时宜地提出反对意见，令发表想法的人感到尴尬。这可能会惹怒一些心胸不够广阔的人，令他们被迫卷入“办公室政治”，而那个领域完全是他们的“地狱”。

5.觉得上司和同事愚蠢

擅长逻辑分析的人通常会被认为是“高智商”，他们中的大多数人在智商测试、推理游戏和理科成绩等方面的表现似乎也佐证了这一点。他们能够清晰地指出问题的核心所在，并且认为大多数人看似理性的分析都夹杂着情绪和立场。同时，他们会经常感受到别人被激起严重的情绪，理性讨论变成了观点上的互相碾压，而他们并不擅长应对情绪问题。这会令他们容易对别人感到失望，从而进一步加深“世人愚蠢”的想法。长此以往，他们可能会产生拒绝和外人沟通的想法，而这也会妨碍他们的自我提升。

6.人际交往的巨大压力

他们在人际交往过程中处于一种纠结的状态，一方面他们希望能与他人和谐共处，另一方面又不希望被干涉独立性；他们希望别人能赏识自己独特的想法，但又不想为人际交往付出精力。尽管他们主观上并不认为自己是冷漠和没有情绪的，但可能会给人留下漠不关心的印象。尤其是他们很难分辨清楚自己的言辞是否过于尖锐，又是否在不恰当的场合说了不恰当的话，直到对方明确表现出情绪失控时才后知后觉，思考自己是不是给其他人造成了麻烦和伤害。

他们的逻辑是相当清晰的，但对于自己的情感需求却又相当模糊，他们会试图用逻辑来解构自己对情感的渴望。可即便如此，情感还是会时不时令他们陷入迷茫、困惑和失控的泥潭，而这违背了他们“理性主义者”的自我认同。这种矛盾的心理，可能会令他们在建立良好的人际关系方面产生困难。

· “分析型”的心理调适策略

要更好地克服心理摩擦力，首先要做到一些“意识”上的转变，才能更顺利地进入到行动层面。分析型新人及其他以逻辑思维为主要导向的职场新人，可以参考以下的观点，尝试转变看问题的角度。

1.“情感”是另一种理性

在大多数人的认知范围里，“情感”和“情绪”经常是混为一谈的，且人们普遍认为“感性”和“理性”是对立的两个方面。就算我们接纳了“理性的人也可以有感性的一面”这样的说法，但在面对矛盾冲突时，自我认同是“理性”的人仍然非常容易把“感性”的人定义为“处事不理智”“情感过于丰富”“过于情绪化”，进而忽略了“感性”的话语里可能隐含了理性的观点。

通常而言，“分析型”往往自认为非常理性，在日常生活中对情绪的表达也是非常克制的。能抛开情绪来客观评估和分析问题，是他们觉得最有价值感的事情。然而另一方面，他们在解读“感性”的人究竟是什么意图时也最为头疼。

从统计的角度来看，“情感型”（F型人）确实更符合日常语境下“感性”的特征，而情感型人群和思维型人群的比例接近1∶1，这就意味着“分析型”在和外界打交道的时候，世界上至少有接近一半的人会令他们感到很难理解[1]。

这种难以理解的背后存在一种可能性，就是“分析型”在无意识地贬低“情感”的价值。按分析心理学的观点，“分析型”的情感和情绪更容易混淆在一起，当他们被情绪淹没的时候，根本无法作出理性的决策，整体都处于一种失控的状态，他们害怕自己出现这样的一面，也不认同这样的状态。正因如此，当他们看到其他人有情绪的时候，很自然地就激起了他们的防御意识，他们潜意识里认为：有情绪的人所说的话毫无道理。

荣格很敏锐地发现了“情感”和“情绪”的区别，并将“情感”定义为另一种理性。一个稍微成熟的“情感型”，即便在有情绪的状态下，他的观点本身依然是理性的，只不过这种理性并不是通过逻辑的形式来展现，而是蕴含了“价值排序”——

· 什么对我来说才是更重要的？
· 什么对大家来说才是更重要的？

只有解决了价值排序问题，才到用逻辑来进行分析的阶段。令人遗憾的是，并不是所有人都有清晰的语言表达能力去说清楚自己的逻辑，这不仅仅是针对“情感型”，“分析型”自己也可能是这样的。

“情感型”的表述里往往隐含了价值判断的动机，而不是聚

[1] 根据MBTI®官方网站统计，参与过MBTI®测评的全球样本里，思维型所占人群比例为54.3%，情感型所占人群比例为45.7%。

焦在某个问题的解决上。某种程度上来说，“情感型”所考虑的层面甚至比“分析型”更整体，只是他们所采取的语言是“分析型”所不熟悉的。

转换成更日常的语言，就是有非常多的人认为“态度”是很重要的，他们潜在的需求是“你重不重视我们的关系”“你认不认同我的价值”，关系和价值是他们更重视的部分，就像“分析型”特别重视绝对客观一样。

“分析型”通过接近“绝对真理”来获得人生的价值感，但对很多人来说，“情感联结”更为重要，人与人之间的关系是否紧密，高于具体的问题能否得到最完美的解决。这是很多没有接触过类型学的“分析型”人群的心理盲区，“分析型”总是倾向于“问题想清楚了，苦恼就解决了”，认为别人的苦恼来源于没有想清楚问题的本质，但实际上，“情感”本身并不应该被视作一个问题去解决，无论是他人身上的情感，还是他们自己身上的情感。当他们能清楚地认识到这一点时，对于人际关系的问题就有机会得到解决。

2.人的“客观”都是主观的

自我认同是“理性”的人在年轻时很容易有的一种心理倾向：认为自己“绝对客观”。这种对于“客观的感觉”的高度肯定，可能在一定阶段内会令他们产生一种“看透一切”的错觉，一旦他们沉浸其中，那种巨大的满足感就会使他们产生傲慢的心理，变得居高临下，觉得当下的事情索然无味，对别人的“愚蠢”进行批判，而不把心思花在解决具体的问题上，这阻碍了他们继续成长的步伐。

事实上，我们所认为的“客观”只是一种主观感受，人不可能真正意义上做到“客观”。因为人永远看不到世界的全貌，更看不到每个人的所思所想以及隐藏的动机，我们所看到的“全貌”局限于我们所能接收到的信息，我们对世界的解释和认识局限于我们的思维框架。“思维框架”是主观的，受到个人认知水平的限制，而“分析型”最信任自己的思维框架，那意味着他们是“主观”的。

这里的“主观”和“客观”并没有价值评判的意味，社会文化倾向于认同“客观”而贬低“主观”。“分析型”可能很难接受这样的说法，但我个人想要指出的是：“分析型”的个人价值感，来源于个体独立思维的强大。具体的表现就是，用异于常规标准的思维框架来精准地解读这个世界，自己的思维框架越能有效地解决实际问题，他们的满足感就越大。

如果他们愿意选择承认自己是主观的，面对自己可能存在的局限性，同时意识到自己需要这种强大的主观思维力量，他们就能突破上帝视角，获得继续成长的机会。

“分析型”最大的爽点在于“客观事实在自己的内部框架中得到印证”，但同时类型理论也指出，“分析型”可能犯的错误是：把和自己框架不符的客观事实当成不重要的因素而排除。事实上只要我们肯静下心回过头看自己的过往经历，就会发现自身的框架也在不断地修正和重构，当下对过往事情的理解和当年的基本上是不一致的，回首往事，我们甚至会嘲笑自己当时的幼稚。但那时候的我们是不是也认为自己的分析和决策绝对客观和正确，并且在这种客观和正确的感觉里感到满足呢？

我们的思维框架永远有得到优化的机会，而这有赖于不断地接收新的信息，用开放的心态接触新的事物，扩大自己的视野。职场中需要学习的知识太多，用短短数年的光阴不可能穷尽，如果我们感觉自己对职场“了如指掌”，那就要警惕自己是不是陷入了全知全能的傲慢陷阱中。

正如前文所说的：我们无法看到世界的全貌，这个世界永远有值得挖掘的新信息。

· 提醒自己对新的情况保持好奇的态度，而不是急着评判。
· 提醒自己是终身学习者，工作和生活永远有看不到的一面。

只有摆脱上帝视角，让自己重新成为好奇的小孩，才能燃起对工作和生活的激情。这种激情可以激励我们创造性地解决问题，证明我们有解决实际问题的能力，得到来自职场和生活的正向反馈。当我们有足够的“实战业绩”来证明自己的可靠和不可替代，就有机会摆脱职场和生活中各种条条框框的束缚。

“现实世界充斥着大量‘虚假的知识’，唯有内心的理性之光能够令人坚持对真理的探索。我相信格物致知，相信自己的逻辑和判断，其实我早已习惯，我的观点和世俗观点背道而驰。”

· INTP | 严谨求真的分析者

核心动力
系统分析

辅助潜能
探索突破

摇摆区间
梳理沉淀

长期课题
关系调控

INTP是典型的“分析控”，拥有严谨的逻辑思维和对世界的好奇心，极具个人色彩却又力求客观辩证，这些特点令他们普遍显现出**“思想艺术家”**的气质。他们喜欢通过交流和提问的方式来获取更多的信息，对大部分事情都遵循这样的模式：

提出问题→收集信息→拆解问题→逻辑重构

当他们认为收集到了足够清晰全面的信息之后，就会十分果断地排除信息之中的干扰项，得出清晰、干净、优雅、简洁的结论。这种认知习惯令他们特别容易掌握知识框架，习得科学的学习方法。他们在感兴趣的领域里，很容易成为知识渊博的专家。

如果他们足够成熟，就会进一步提出更多的假设，并将假设的可能性和已有的结论，根据自己的思维框架进行搭接和重构，形成具有高度原创性的新框架，再通过广泛地收集数据来支持自己的框架。

他们喜欢思考复杂和有深度的问题，用自己独到的思路找到解决问题的**“最优解”**，分析出当下问题的**“本质”**，并尝试用高度凝练的语言来传达他们的所思所想。他们的思维体系有非常高的清晰度，能在推理的过程中敏锐地发现哪些地方存在模糊地带，并且努力将其变得明确。

他们不倾向于在思考问题的过程中“蒙混过关”，而是有一种打破砂锅问到底的精神——至少得让问题的解释是一种闭环的状态，闭合得越完美、越精妙、越天衣无缝，他们就会越舒服。然而这种对精确性的渴望，加上在寻求逻辑闭环过程中不断地提问和梳理，可能会导致他们在实际处事层面给人留下缓慢的印象。他们并不倾向于马上行动起来，尤其是涉及组织他人完成任务的事情，可能会陷入拖延的状态。

科研领域集中了大量INTP类型的专家学者，然而可惜的是，并不是所有INTP都有机会进入到科研领域。在一般的营利性组织里，“效益”以绝对的地位压倒了其他的因素，追求单位时间内获取最大的收益，这通常给INTP带来了极大的不适应。

“不把问题从根源上弄清楚，而是盲目地投入生产，势必造成更大的效率损耗。”

他们如此清晰地看到了这一点，事实也证明着同样性质的返工现象，在他们身边不断地重复发生。

“为什么大家都不肯放慢脚步，好好检查下系统究竟出了什么问题呢？”

在大多数情况下，这是一场没有结果的博弈。反方的观点通常是“实践出真知”，在反方眼里要达到预想的效果一定是要走弯路的，要在动态的环境里不断修正，事实同样也在证明这种做法创造了实际的效益，因此容易觉得INTP的想法是在纸上谈兵。

对于INTP而言，在他们拥有足够的话语权之前，在组织中证实他们的思维框架有效性非常困难。他们会非常自然地将情感、情绪、立场等因素归类为干扰信息，这是一种过人的天赋，但同时也造成了一些不必要的麻烦——在他们投入最感兴趣的分析活动时，会显得特别超然和冷漠，就像一个置身事外的评判者。

他们清楚地看到了系统中非常多的漏洞，**“求真”**和**“精确”**的需求令他们无法轻易地忽视这些问题，以致他们在进行表达时，经常显得像是在不合时宜地“挑刺”。在碰撞中产生思想的火花是一部分INTP的常用策略，有时候他们会刻意抛出具有挑战性的观点，和别人进行讨论和辩论。尤其是在面对权威人物的时候，这种质疑精神更为强烈，结果就是不可避免地导致他们遭受到某种程度上的打压。

一开始他们也希望大家都能在分析和讨论中受益，希望能帮助大家提高思考问题的精度。然而在步入社会的初期，他们可能会对大多数人感到失望——只有极少数人能跟得上他们的思维模式，更多的人要么不在意逻辑的精度，要么认为他们过于较真，将他们的求真求实与探索精神视作无礼冒犯和钻牛角尖。

随后他们可能会认为大多数人都分不清重点，不懂得利用信息，反而被信息影响了判断，在一次次“教而不善”的挫败感中，他们甚至可能会觉得人类都很愚蠢。

如果不是特别熟悉他们的亲友，可能会被他们看起来尖锐锋利的言辞刺伤，尽管他们的本意并不是想要伤害别人。他们可能会责怪自己的智力游戏“玩”得过火了，其自我怀疑很大程度来自“社交商”。当观点的交流变成一场场情绪上的碾压战，他们会缩回自己所熟悉的“大脑世界”，不再愿意进行交流，也不再愿意推进事务。

如何拿捏交流的尺度，如何令清晰的想法不被外界的情绪所淹没，如何让自己独创的想法能有效地实施，如何处理“人际关系”，通常是他们初入社会时感到非常困扰的问题。他们给人的印象可能会在“极度执拗”和“思绪飞扬”之间剧烈摇摆。在最佳的情况下，他们将会是以创新思维结合深度分析来解决系统性问题的大师和专家，帮助组织和团队找到最根本的问题所在，并利用杠杆原理来撬动效能。

· 对INTP职场新人的发展建议

1.看到潜力而不是盯着漏洞

INTP一直在建构严丝合缝的内在逻辑体系，当他们习惯了自己内部框架的简洁、精密和优雅，外界进来的观点、制度、流程、标准就总是让他们觉得无比粗糙。他们有强烈的欲望去对外界混乱不堪的逻辑进行“精修”，通过提问的形式一步步了解当下现状，当他们认为自己已经积累了足够多的现状信息，可以对事情下结论的时候，最直观的表现就是“质疑”和“挑刺”。

一旦INTP进入这种模式，那事情发展的可能性就已经被他们自己给限制住了，此时工作进入了精细化处理问题的阶段。如果工作恰好就处在需要精细化处理问题的阶段，INTP的“质疑”和“挑刺”就能发挥巨大的作用，为工作质量提供保障；但如果工作阶段只是处于项目前期，此时INTP就要警惕自己在他人眼里是不是在阻碍工作的积极开展。这时候更好的处理方式是：

自我提醒切换回“信息收集模式”，而不是“分析评估模式”。

如果他们能意识到自己陷入了特定框架之内，就有机会跳出这个框架，重新思考新的可能性。这需要他们对工作的阶段和自己的状态有所觉察：

- 现在处于工作的哪个环节？
- 这个环节的重点是要解决什么问题？
- 我现在是不是处于“批判状态”？
- “批判状态”是否适用于当下情境？

· 我批判的目的是什么?
· 为了达到这个目的，有没有更好的解决办法?

这个提问的过程是INTP平时并不熟悉的“外倾思维”[1]，但当他们的工作进展陷入僵局时，“外倾思维”可以有效提醒INTP不要陷入逻辑自洽的思维限制。对于INTP来说，拆开自己思维限制的最好办法就是破除信息壁垒，继续倾听、交流、挖掘和吸收新的信息，从多个渠道收集不同人群的观点和看法，提醒自己不要着急下结论，持续刺激自己的思维兴奋。保持这种兴奋可以激励INTP深入地进行研究，并最终找出有创造性的工作方式，令他们在工作中找到乐趣。

2.客观分析之前先表达欣赏

在讨论特定话题的时候，INTP非常容易直接进入“超然”的状态，不带任何感情色彩地进行分析评估。他们敢于直接说出心中的疑问，指出其他人的问题所在，往往顾及不到当下场合的整体氛围。这可能源于他们内心深处对社交礼仪和潜规则的厌恶和抵触，希望大家都能只针对问题来讨论问题，而不是掺杂其他因素。

当他们进行思考的时候，容易有一种朴素的预设，或者说是一种期望：所有人给出的信息都是真实的，大家都在信息准确的

[1] “外倾思维”是TJ类型熟悉的思维模式，通常表现为目标导向地组织观点和事物。TP类型熟悉的思维模式是“内倾思维”，通常表现为先把逻辑按自己的思维习惯梳理透彻再制定解决路径。

基础上，寻求真理和最优解决方案。他们很难在第一时间意识到，有些人可能并不在意真相是什么，有些人可能关心的是大家在一起的氛围开不开心，还有些人关心的可能是态度和立场。

从社会性的角度来说，他们通常是非常单纯的，虽然当他们作为旁观者时，可能会有非常敏锐的人际关系嗅觉，知道社会关系的复杂性，但当他们进入到分析状态时，却很难意识到自己在什么时候冒犯了别人。

对于INTP而言，有一个可以练习的万能公式：

复述→确认→肯定→转换→互助

当INTP要指出别人问题的时候，先大致总结和复述一下别人

的观点，令别人感受到自己的话有被认真聆听。然后对别人的观点表示肯定，哪怕内心真实的声音是：这也没什么值得认同的！那也可以说“非常具有启发性”——事实上就是别人的观点启发了他们的疑问，这并不是在说谎，只是采用了一种促进交流的表达方式。

接下来可以再说：“我有一些问题没有想得太清楚，希望大家能一起来讨论一下，理清我的思路。”将对方的问题转换成自己的问题，将对方一个人的压力转换成大家共同的任务，让对方感觉自己是一个启发者和帮助者，而不是被质疑和审视的对象。当整个对话的氛围建立在肯定和互助的基础上，对方就更有可能聚焦在问题本身。他们一开始可能觉得运用这种“套路”非常生硬，但是这样的做法能帮助对方进入良好的群体讨论氛围中，而不是一对一的针锋相对。

当INTP在集体的讨论中互相激发，创造了稳定的交流环境之后，就可以摆脱这种“套路”，更灵活自由地表达自己的观点。

3.主动打破标准流程的限制

虽然INTP在私人领域中非常乐于打破各种限制，不断地寻找新鲜有趣的可能性，但在工作中却可能会依赖某种固定的范式或标准，尤其是在他们认为所做的日常工作没有任何挑战难度的时候，很容易陷入机械化的操作，甚至依恋上这种机械化的感觉，仿佛自己真的就是个麻木的机器人。这种状态对INTP而言在某种程度上是舒适的，但也限制了他们的创造性天赋，导致他们可能会一直从事着与自己真实潜能不匹配的工作，不去争取更高的职位。

如果他们有摆脱这种境况的意识，可以先尝试从适度打破常规流程开始，选择一个不影响团队协作的个人环节，调整其中的工作顺序或工作方法，在安全的范围内测试工作安排的灵活度，看看会产生哪些不一样的情况，并为自己设置奖励机制。例如在换了一个方法之后，如果证实了确实可以更好地提高工作效率，或者至少提供了良好的感觉，那么就奖励自己一杯咖啡。

INTP擅长从尝试和实验中突破自己已有的思维框架，更新自己的系统，探索的兴奋感对他们有正向的激励，但他们对舒适感也有一定的需求。如果工作本身让自己彻底地陷进了舒适区内，他们可以选择自己创造条件来保持思维的活跃度，主动切分出工作日程中的“舒适区”和“实验区”。

“实践是检验真理的唯一标准——一切的理论、概念都要服务于指导实践，不然我真的不感兴趣。理性的作用不应该是把简单的问题复杂化，而是指引我找到精准、快速解决问题的方法。在别人焦头烂额的时候，我能迅速出手化解危难，这样的我超级酷。”

· ISTP | 冷静现实的操作者

核心动力

系统分析

辅助潜能

即时反应

摇摆区间

深远觉察

长期课题

关系调控

当高度严谨的逻辑思维与现实主义的作风结合，ISTP通常扮演的是**“问题解决者”**的角色。在面对具体情境式的突发状况时，ISTP能以最快速、最直接、最有效的办法解决实际难题。

他们的“逻辑精确度”是基于事实基础并快速应用回事实的，而不是在思想的领域进行拆解和构建。这会令ISTP和INTP产生表象上的巨大差异，最明显的差异在于INTP非常沉浸在观点和思想的交流与辨析中，而ISTP严密的逻辑一般体现在具体的情境、具体的方法、具体的操作和具体的落实中。

“别想太多，干就是了。”

如果说INTP更偏向于是在幕后进行研究分析的理论家和科学家，更加专注于战略领域，ISTP则属于切切实实的行动派，注意力通常在战术领域上。

基于对感官刺激及现实情况的关注，加上清晰的逻辑思维，他们往往能快速地找到不同工具之间的共通之处，迅速地掌握实操技能，并且以极高的精度运用于工作中。在合适的环境里，他们很容易成长为专业技能上的高手，成为一流的专业人才。

从某种意义上来说，他们可以是最有“工匠精神”的一群人，然而现实的情况却并不一定那么理想。对于他们来说，现实主义的态度不仅仅体现在物理和物质的层面，还体现在他们对**“效率”**的追求上。

他们普遍信奉**“有效努力原则”**，喜欢用最快的速度和最小的力气做最有效的事情。他们不爱开会，不爱讨论，不爱发表个人意见，倾向于认为大多数会议都是低效和无意义的，充斥着大量的废话。

这本来可以是一种非常积极的意识，意味着他们擅长清理无效信息，专注于对当前任务有效的部分。然而他们的这种效率意识并不基于长远的考虑，以致他们可能会忽略战略背景、长远意义和宏观视野，更在意找到一条捷径来完成手头上的任务——如果在短期内都看不到可预期的回报，那不如节省力气，将精力投入其他领域，哪怕什么都不干，都好过白白地浪费力气。

在他们还是职场新人的时候，可能会产生这样的心态：

“我只要能快点把该做的事情干完，别人就没有资格说我偷懒。”

“我已经超额完成手头的工作了，为什么又加新的任务给我？”

“上班期间我就能快速地处理好这些问题，下班别想找到我。”

“我做得比别人快、比别人多、比别人好，有给我涨工资吗？”

诚然，ISTP通常会因为他们过人的实力和缜密的思维，而有说出这些话的底气，然而这种明算账的态度却也非常容易无意间破坏团队的合作精神，从而使他们被组织内部视作非常难搞的对象，阻碍了他们的晋升之路。

当领导批评他们没有大局观的时候，他们可能会反过来觉得：领导，不要再“画饼”了！他们对于自己的洞察力有一种过人的自信，但很难相信其他人的洞察力，因此他们在职场上最常见的表现就是：对上司或领导所作出的战略指示抱持怀疑和保留的态度。

如果说ISTP就是完全不在乎外人的眼光、团队的氛围和薪酬的回报，那么这种直率的风格或许可以视作“整顿职场”的英雄行为，可是对于他们中的大多数人来说并非如此。他们内心深处希望拥有简单但舒服的人际关系，希望能有一个轻松和谐的工作氛围，希望自己的付出能在当下就得到应有的回报，希望人人平等，可是他们在工作上却经常表现为单打独斗、脱离集体和抵抗制度，很容易被误认为是一匹“孤狼”。

外人态度的微妙变化最终又会反过来影响到他们，在集体氛围开始变得越来越奇怪的时候，他们将会被迫面对自己表面上不在乎的事情——他们可能会发现自己实际上很在意外人的眼光，希望能和身边的人和谐相处。

“我是不是被讨厌了？”
“或许没有人喜欢我吧。”
“为什么我会把自己搞到这样的境地？”

在一些意外的情境下，他们可能会莫名产生强烈的情绪，瞬间被卷到崩溃的边缘。情绪来得过于突然和猛烈，和他们一向现实冷静的大脑活动大相径庭，令他们一下子感到困惑不解。

ISTP的职场难题通常围绕在短期利益和长远利益之间的矛盾，以及人际关系的困扰上。他们可能会认识到自己某些方面的能力确实有得到重视和赞赏，对自己的技术实力有非常现实和中正的自我评价，但可能会难以评价自己的“软实力”，难以衡量软实力究竟在薪酬回报里应该占有多大的比重，这变成他们认知里比较模糊混乱的一个方面。加上他们比较抗拒既定的标准和制度，可能会因此逃避晋升的机会。

ISTP容易感觉到自己在遭受某种危险消极的负面评价，“不信任感”容易始终萦绕在他们的心头。他们通常也有着大多数技术型人才的自我突破难题——如何平衡“专业技能”和“可迁移技能”的发展。如果他们能平衡发展这两个方面，将会有机会成为真正顶尖的技艺大师，不被规则所束缚，制定属于他们自己的规则，令外界主动跟随他们的脚步。

· 对ISTP职场新人的发展建议

1.持续关注并学习前沿技术

ISTP通常都是“耳聪目明”的，对现实资源和动态环境有着非常高的敏锐度，如果他们在岗位上被要求学习某项技能，往往都能非常迅速地上手，并且比其他人更快速地走向精通。熟练的操作可能会令他们异常高效地完成手头上的工作任务，节省出大量的空闲时间，然后他们就会觉得无所事事，开始享受优哉游哉的时光。

他们对待生活和工作的态度都是倾向于活在当下的，而不是为未来提前做准备；他们也倾向于将工作和生活完全切割，在休闲的时候绝不思考工作问题。这自然也是一种健康合理的生活方式，没多少人能比他们更懂得劳逸结合。但单从职业发展的角度来看，慵懒的态度也必定会在一定程度上制约他们的职业发展。

然而有一座桥梁可以搭接他们的工作和生活、现在与未来，只是他们自己未必会发现，那就是对前沿技术的兴趣。常规企业因为有相对固定的生产和经营模式，对于新技术的应用往往是相对保守和滞后的，如果企业能抓住技术变革的机会，就有可能在短期内与竞争对手拉开差距，通过效率的大幅度提升来实现弯道超车。而ISTP对前沿技术的敏锐程度和掌握速度就会在此时发挥巨大的作用，他们有机会成为技术潮流的引领者，担任开拓崭新工作方式的重要角色。机会是留给有准备的人的，如果ISTP在完成手头上的工作之余，还有剩余的时间和精力，不妨更多地关注前沿技术，那将成为他们未来突破的技术储备。

2.通过技术交流融入团队

ISTP非常擅长从实践中学习，但并不擅长自然地和身边的人建立联系，通常呈现出一种社交回避的倾向。他们喜欢独自行动，依照自己的方式和能力来快速解决问题，不喜欢和他人讨论工作细节，害怕招惹来不必要的麻烦，影响他们“拔剑的速度”。因此大多数人可能会误以为他们是冷漠的，并且这种评价可能会被他们敏锐地捕捉到，进而变成他们的困扰。

如果ISTP对人际关系的建立感到困扰，可以尝试以技术交流作为沟通的切入点，帮助其他同事提高技术水平，并且在教学的过程中更清晰地总结出基本原理，形成独特的方法论。这对于ISTP是一举两得的事情，他们非常需要智力上的挑战和满足，形成清晰的逻辑架构对他们有着不可比拟的巨大激励作用，但他们自己不一定能意识到。教学的过程是对自身智力的验证和练习，而在这个过程之中，关系也会自然而然地建立。

3.在危机状况下站出来

ISTP通常不喜欢规则，也不喜欢管理、计划以及任何繁文缛节，他们可以快准狠地解决实际问题，但容易显得叛逆和不受约束。在常规的组织里，他们并不是朝着管理者的路线上升的，这可能会招来一些职业偏见。如果他们所在的组织并不需要专业技术，或者并不重视技术板块，他们可能会被安排在一些不痛不痒的执行岗位上，埋没他们的潜能。

除了专业技术上的潜能，ISTP的另一个重要特点是“随机应变”。由于日常他们就一直习惯暗中观察和理性分析，对动态信息非常敏锐，因此他们实际上是高度融入现实环境的。即便他们平时可能是一副慵懒的姿态，但在突发情况出现的时候，通常会受到肾上腺素的激励，迅速地找到解决问题的突破口，展现出超乎意料的控场能力，拯救团队于水火。

这些紧急情况是他们建立个人威信的重要机会，但前提是他们有融入团队的意识和意愿，能在情况发生的当下主动请缨，或者至少知会一下相关人士，让别人知道他们对集体问题存在独到的思考。不然按照他们低调的个性，可能会选择“事了拂衣去，深藏身与名”，只有极少数人知道他们作出了怎样的贡献。

他们是有独特影响力的，习惯以身作则地展示出专业性，并且不限制他人的自由发挥，非常有机会成为同龄人和后辈的偶像。虽然他们并不刻意追求夸奖和赞誉，但他人发自内心的信任和肯定，将会带给他们持续的激励。

· “分析型”的中长期职场画像

“分析型”的职场成长过程，是在**“保持冷静独立”**和**“适应人际关系”**的矛盾中进行的。他们拥有冷静超然的态度和求真求实的怀疑精神，可能会被视为组织中的不和谐因素，而这又反过来令他们也不乐意成为团队的领导者，更愿意担任技术骨干或特定领域的专家角色。但当他们的真知灼见被看到、被认可和在实践中被证明有效，他们通常会产生极其强大的动力，用自己的智慧和才干来支持、引领和造福身边的人。

在最佳的状态下，他们不但能自己盘清所有事情的底层逻辑，还能帮助大家破除迷雾，简化看似复杂的外在信息，精准地找到解决问题的杠杆点。同时，他们能够有效地激励大家独立思考，带领出具有思辨能力和创造性解决问题能力的强大团队，自己也在智力的激荡和团队成员的相互认可中得到成长和满足。

这个过程并非一蹴而就，作为长期目标和终身学习的范畴更加适宜。为了达到这个长远的目标，“分析型”可以在以下方面有意识地积累经验和培养能力：

- 人际关系意识
- 表达欣赏的技巧
- 沟通表达能力
- 倾听他人诉求的意识
- 欣赏他人的意识
- 调动同情心和同理心

在这个积累和学习的过程中切记：

保持清醒和冷静，与温和友善地欣赏他人并不矛盾。

第五章

缜密型的“周密”与“恐慌”

· 导言

↓ **主要性格特点**	↓ **主要内心冲突**
· 强烈信任亲身经历	· 缺乏安全感和夸大风险
· 高度敏锐的风险意识	· 容易被身份责任所束缚
· 享受熟悉感和熟练感	· 容易在机会面前退缩
· 重视细节和经验积累	
· 重视清晰的职责和流程	
· 重视过去与现在的一致性	

ISTJ和ISFJ在荣格的术语里统称为**“内倾感觉型”**，为了照顾大多数读者，本书采用**“缜密型”**进行替代。

对于“缜密型”而言，**“积累沉淀”**和**“稳固现实”**是最重要的内心需求，他们的内在感受通常是高度敏感的，他们希望事情的发展在可预测的范围之内，而且必须有明确的事实依据，以保证工作和生活不会失去稳定的秩序。如果所从事的工作可以让自己获得安全的保障，有明确的分工和指南，在安全的大前提下还有少量自由发挥的余地，令他们感受到一步一个脚印地在进步，且可以逐渐地承担起越来越重要的责任，他们将产生无穷无尽的驱动力。他们需要慢慢地积累和小心地实践，可以较好地接受自己一开始就是一张白纸，随着时间的推移，白纸上的色彩变得丰富，自己也能够在组织中独当一面，成为不可替代的角色。

他们遇到的阻碍通常是**“突破枷锁”**和**“积极展望”**，原因是他们潜意识里认为表象之下隐藏着不可预测的危险，风险无处不在，处处是邪恶和陷阱，所以不敢轻易涉足陌生领域，而是选择在熟悉的领域深耕，整体而言他们是防备的。他们的感受力通常极其强大，以致他们对现实世界总有一种奇怪的感觉，容易被不可名状的恐惧感笼罩。这种不安全感会令他们小心翼翼地核对细节，经过检验的事实会令他们感到安心，他们会不断地充实自己的经验库作为武器和防具，让自己变得坚定和可靠，也很容易对曾经让他们安心的人、事、物产生深厚的眷恋感。

然而他们潜意识里同样渴望看到不一样的可能性，希望自己可以冲破枷锁，尽情地发挥想象力和创造力，打破过于稳定的局面，只不过让他们直接“拆开思维的墙”、打破过去的积累和经验的限制，会令他们十分排斥并且感到巨大的压力。他们需要掌握通过实效验证的程序和手段，来令工作和生活都有条不紊地向前推进。

缜密型的基本特征

感受独特而敏感，努力调整主观感受以适应现实，具有强烈的风险意识，然而通常显得主观和被动，在理性客观地摆脱思想桎梏方面存在挑战。

· 典型情境

Ivan | 编辑 | 三年工作经验

Ivan做文案编辑工作已经两年多了，越来越觉得得心应手。对于如何编辑文案，他已经有了自己的模板，并且在模板之内可以做得臻于完美。对他来说每一份稿件都是不一样的，他有自己的小方法将混乱的材料处理得井井有条。虽然谈不上很喜欢自己的这份工作，但在逐字校对、调整版式和精雕细琢成果的过程里，他感到非常舒适。

然而这份工作也有令他感到头痛的时候，有时领导会突发奇想地布置一些创新研发类的工作，让大家围绕着新课题来提出自己的框架和见解，例如那种讨论如何优化工作方式的“变革会”。

每当这个时候，Ivan的第一反应都是：“他又来搞事了！”然后迅速地想到做这些事情是多么无意义，只会降低效率和破坏有秩序的工作节奏。他甚至总能想到：如果真的做出了变革，现在好好的工作流程会变得多么混乱，到时候人人自危，这样下去整个公司都将会被搞垮。

“领导的想法总是那么不切实际！”

令他感到苦恼的另一个方面是，领导的说辞总是那么抽象，想得很美好，好像想到了就能实现一样！当被问及如何实现时，领导总是给不出一些具体的指导，只是让他们自己去想办法。

“我只是个小员工，我能有什么办法！”

他预见了做完这些工作也不会产生什么实际的变化，纯粹就是浪费时间——这是过往的经验告诉他的。虽然心里抱怨，但他还是会尽最大的努力去完成这些任务，收集大量的资料和案例，参考着来做出一份报告或PPT（PowerPoint，演示文稿），一边做一边觉得焦虑。有些任务甚至找不到现成的案例进行参照，更是让他格外痛苦。

“就当交作业好了，作业不可能都满分，交完作业赶紧做正事。”

每次接到这种没有标准答案的工作任务时，他内心都这么想。对于他提交的结果，领导也总是不表态。对于领导不置可否的态度，他一直提醒自己：做好文案编辑才是他职责范围内该干的事情。

年终的时候，Ivan被评为“优秀员工”，但他却没有得到任何晋升的机会，薪酬也没有调整。他的感受非常复杂：如果自己真的优秀，那为什么得不到实质性的回报呢？如果自己不够优秀，那问题出在了哪里？他敢说在职责范围内，没人比他更细心、更踏实和更能拿出实际成果，明明他已经非常尽责和努力了。

对于自己的职业前景，Ivan感到十分迷茫。这样的日子说不上好，也说不上不好，反正就先继续干着吧。

· 核心问题

不少职场新人都面临着这样的问题：勤勤恳恳地遵照指示来做事，在职责范围内努力学习，并且在反复的日常练习中，将事务性的工作执行到无可挑剔。然而一旦遇到超越职责范围的事情，他们的第一反应都是拒绝；一旦涉及创造性解决问题，他们就不知所措；一旦没有惯例可以遵循，他们的注意力就全部集中在风险预防，而不是如何做好一件事。

从企业的角度来讲，这样的员工当然是好员工，而且需要大量这样的员工，因为他们害怕犯错误，所以会细心谨慎地执行任务，成为企业发展的强力保障。只要企业的岗位设置合理，这样的员工就是企业持续运作的基础。

然而对于这些职场新人的个人发展而言，问题恰好也是出在这个地方。如果过度依赖制度之下的职责分配，只盯着自己职责范围内的一亩三分地，他们就成了最容易被替换的零部件。大家很容易慢慢地将他们出色的执行力视作职责范围内应该具备的能力，渐渐地就忽略他们日积月累的贡献。

如果他们在职场形成了“定势思维”，那职场也会反过来将他们给“定势”。他们需要找准自己的核心竞争力，不然就容易卷入“温水煮青蛙”的困局，渐渐变得越来越被动。

如果他们有意往更高的层级走，就要注意“定势思维”是否限制住了自己对待职责以外工作的态度，较好地提交那些职责以外的工作成果才可能是脱颖而出的途径。打破定势思维的第一步是在意识上不把这些额外的工作当成难搞的任务，警惕“不求有功但求无过”的想法，应该站在管理层的角度，思考这样做的意义究竟是什么，能用怎样的方法去达成。经过冷静的评估后，如果确实认为无法达成，是否能提出更合理的解决方案，而不是一下浇灭领导的热情，或者以应付的态度去提交成果。

在应付的态度之下是不可能做出创造性成果的，就算将成果梳理得再细致、展示的PPT做得再精美，灵魂也是干涸的，既没有解决实际问题，还可能陷入自我欺骗的僵局——我已经很努力了。这种态度之下无论哪种做法都是消极的应对方式，都可能降低企业对自己的评价——至少是发展潜能和晋升可能性上的评价。

更隐秘的问题或许是，他们的内心可能并不愿意那么快地走到更高的职位，本性就更注重安全、稳定和积累。他们希望自己的职场之路是循序渐进的，并不奢求走到高位和拿到高薪。如果他们能真正做到不比较、不抱怨，也不失为一种美好的生活状态，但现实可能却是：他们会长期在不安全感里度过，毕竟这个时代变得太快了，“变化”才是永恒不变的真理。

所有的职场年轻人都可能会有这样的心理和阶段，但在人格类型学里，ISTJ和ISFJ这两个类型最容易深陷在这样的境遇里，并在很长一段时期内都找不到突破口。

·“缜密型”的心理摩擦力

1.未熟悉流程之前战战兢兢

他们通常非常务实，能否打好自信心的基础源于对实际情况的了解程度，以及自身的能力能否应对每一个具体情况。他们会观察到非常多的细节，并将这些细节纳入自己的经验库。然而，职场需要面对的情况不是一朝一夕就可以看得尽的，新人时期的他们可能会过度依赖标准流程和章程制度，将标准动作之外的做法视作不可逾越的雷池。

2.无法忍受责任边界不清晰

他们通常非常重视责任，可能会认为只要所有人都能尽忠职守，组织就能稳定发展。但是破坏规矩的人太多了，其中既包含不完成自己应有职责的，也包含越过规矩来办事的，而这些缺漏和错位最终都会影响到他们——不但自己的本职工作无法顺利完成，而且还要被迫承担本来不属于自己应该承担的后果。

对于超出了章程制度界定范围的事项，他们有时会感觉自己失去了捍卫权益的底气，进而选择默默受气；有时他们会死抓着章程制度不放，声称自己不该承担任何后果。这种态度可能会给人造成一些误会——明明他们是最负责任的人，反而被误以为是在推卸责任。

3.幻想漏洞带来的连锁反应

如果他们有足够的经验和能力，强烈的风险意识可以推动他们快速地查缺补漏，成为团队里坚实的保障；但如果他们的经验不足，可能会陷入无止境的灾难幻想。他们可能会不断地回想起自己工作中一个小小的疏漏，想象这个疏漏造成了组织巨大的损失，而这个损失可能要由自己来背负，甚至可能会一辈子都还不起这笔债务；或是因为这个小疏漏而上了行业黑名单，自己再也找不到工作……他们的想象能力非常强，但其内容经常是消极的。这可能会令他们持续感到深深的恐惧，同时也容易被不安好心的人所挟持和利用。

4.花费大量时间收集资料

由于经验不足加上强烈的风险意识，他们可能会花费大量时间收集资料，试图将所有可能出错的地方都弄得清清楚楚，但这一切不是为了创造价值，而是为了规避错误。加上他们高度的责任意识，他们发自内心不愿意耽误组织的整体进度，这可能造成他们主动选择无条件加班，压缩自己的私人时间，只求内心保持稳定踏实的感觉。他们可能会为组织带来极大的后勤保障，但意外情况却并不总是在发生，短期内他们也并不会因为在背后默默地努力而获得上司的赏识。

5.细节上的完美主义倾向

他们容易在具体的事务上力求完美，用“一丝不苟”来形容他们也毫不为过。但“完美主义”是把双刃剑，他们有时候可能会一叶障目，在不重要的地方死抠细节，将每一次的具体任务都做到自认为无懈可击的程度，忽略了过程沟通的重要性。

他们倾向于按照指示来完美执行，但可能会意识不到：上司的指示也不一定是考虑周全的。早期的他们注意力更聚焦在任务本身，而不是项目或组织的大局。这可能会导致他们花费大量精力执行的结果最终付诸东流，进而对上司产生愤怒，认为上司没尽到应尽的责任，浪费了自己的时间和精力。

6.为抵抗焦虑而自我设限

一个企业要良好地运作，除了健全的制度和标准的流程之外，必定需要进行开拓和创新，面对市场变化的竞争和挑战，并非所有事情都可以靠经验来处理。他们可能会因此感到持续的焦虑，认为自己永远都学不完要学习的内容，永远都无法面对各种变化的情况，一直有严重的不安全感。他们可能会自愿把自己固定在某个特定的岗位，在熟悉单一岗位的过程中获得内心的安宁和舒适，不积极争取更高的薪酬和职位，将自己的职业生涯交给组织来安排。

·“缜密型”的心理调适策略

要更好地克服心理摩擦力，首先要做到一些“意识”上的转变，才能更顺利地进入到行动层面。缜密型新人及其他细心谨慎的职场新人，可以参考以下的观点，尝试转变看问题的角度。

1.“滑坡谬误”与“精神内耗”

天性小心谨慎的职场新人可能非常擅长设想最坏的结果，甚至能把不同的最坏结果都想一遍，想的时候战战兢兢，想透了之后触底反弹，安心地面对当前的工作。这对于正常开展工作而言或许是积极的，尤其是如果他们从事的是需要高度谨慎的工作——例如财务、法律、安全检测等领域，他们这种心理习惯可以很好地规避风险。但是当他们发现自己犯了错，就有可能产生非常严重的内耗，那种绝望感可能有如世界末日来临一般巨大，这对于很多职场新人来讲绝对不是夸张。

逻辑学上有一个词叫**“滑坡谬误”**，可以比较好地说明很多新人在职场上担惊受怕的原因。“滑坡谬误”简单来说就是：因为A所以B，因为B所以C，因为C所以D，所以A会导致D，如果要避免D的发生，就要从源头上把A根除。

这听起来好像有一定的合理性，但实际上每个环节的“因为”“所以”都只是可能性，它可能成立也可能不成立，而“滑坡谬误”就是把可能性视作必然性。实际上从A到D都很有可能只是一个小概率事件，但心理感受上却产生了“一步错，步步错”的错觉，甚至是把当下遇到的困难归因成以前做过的一件小事，把逻辑上的“推论”当成了“事实”，进而产生过度的自我谴责和对未来的恐慌。因此在处理情绪时占据了过多的精力，反而没办法冷静地思考和处理当下的问题。

这种谬误不但可能发生在自己身上，也可能发生在自己的上司身上。例如，缜密型新人只是犯了一个小错，上司却因此大发雷霆，并且把后果说得非常严重，好像企业会因为这一个小错误而失去重要客户、业绩大幅下降甚至面临倒闭。经验不足的缜密型新人可能会一下子被吓蒙，被愧疚感绑架，认为要承担自己无法承担的责任。

这时一定要注意冷静地评估：

· 上司所说的情况是不是属于已经发生的客观事实？
· 还是说这只是他自己推测的可能性？
· 他是不是也陷入了“滑坡谬误”？

如果已成客观事实，冷静地考虑：

· 责任真的出在自己身上吗？
· 还是说属于领导或公司应该承担的责任？

必要的话，可以寻找和自己没有利益关系的专业支持，一定要跳出现有框架的束缚，找到更多第三方的视角。如果只是“可能性”，则要及时将注意力聚焦回当下应该怎么做，弄清楚其他人如果犯过这样的错是怎么修正过来的，然后行动起来。

当然还有另一种可能。这种夸大风险只是管理者的一种驭人手段。无论他们是有心还是无意，细心谨慎的职场新人都要清醒地知道：每个新人都会犯错，如果新人犯错就会造成那么严重的后果，那大多数企业根本不可能持续运转下去，事情可能根本没有我们想象中那么糟糕。

2.“首因效应”和“近因效应”

不少人非常信赖自己的亲身经历和过去的记忆，并以此作为自己的工作和生活指南（眼见为实，耳听为真），“缜密型”尤为如此。这种对感官印象的信赖通常会令他们成为经验积累和运用的大师——随着年龄的增长越发地充满力量和自信。

然而心理学一再指出：我们的记忆并不可靠。这对“缜密型”来说，可能会激起一些不安全感，但是如果他们愿意听听心理学家的观点，或许可以突破一些内心的困惑：

我的上司是不是在PUA我？
我的同事是不是在欺负我？
我的亲友是不是在欺骗我？

从人格类型学的角度来说，“缜密型”最依赖的认知过程叫“内倾感觉”，这个认知过程最大的特点就是：观察事物时更关注到事物在他们身上引起的刺激强度，而不是事物本身，相当于在观察事物时加了一道感受上的滤镜。但是对于“缜密型”本人而言，并不会察觉到这道滤镜的存在，而是将其视为客观上的真实。

这道滤镜的好处在于可以使他们拥有更加丰富的主观体验，能够激发起很多细腻而独特的感受，同时也能帮助他们很直观地甄别出哪些东西会让他们感到身心愉悦，哪些东西会让他们感到生理不适。因此“缜密型”通常是敏感而细腻的，天生容易产生强大的趋利避害能力，不断地积累对自己而言安全、可靠、舒适的元素，将内心感受组织得井井有条。这种对内心的组织会被其带到工作和生活中，具体表现为擅长累积经验、运用经验和处理事情时的周密与彻底。

然而问题也出在这道滤镜上，这意味着在某种程度上他们会因此变得相当主观，但是自己意识不到。如果他们一味地信赖自己的记忆和经验，就多多少少会对真实世界产生理解上的偏差。对于“缜密型”而言，了解一些和“记忆”相关的心理学知识可能会有些帮助，知道自己的记忆和印象有时候并不可靠，增加一个看待事物和处理矛盾的视角。

这里简单介绍一下两个著名的心理学效应。

（1）首因效应

对于陌生人，我们很容易受“第一印象”的影响，导致我们对一个人产生长期的偏见。

心理学家曾做过这样一个实验，将测试者分为甲、乙两组，并让他们看同一张照片。对甲组说，这是一位屡教不改的罪犯；对乙组说，这是一位著名的科学家。

看完后，让甲、乙两组测试者根据这个人的外貌来分析其性格特征。

结果甲组说，深陷的眼睛藏着险恶，高耸的额头表明了他死不改悔的决心；乙组说，深沉的目光表明他思维深邃，高耸的额头说明了科学家探索的意志。

这个实验表明，如果第一印象给了我们肯定的方向，会使我们在后续的了解中偏向于挖掘对方具有美好意义的品质；如果第一印象给了我们否定的方向，则会使我们在后续的了解中更多地偏向于揭露对方令人厌恶的部分。简单来说，我们要非常警惕“先入为主”对我们的影响。

（2）近因效应

对于熟人，他们近期的作为令我们产生的印象和评价，可能并不能反映真实完整的情况。非常多的挚交好友因为一点小事就闹翻，并且最终发展至老死不相往来，就是因为这个效应的影响——在对别人整体印象的形成过程中，我们都会不自觉地淡忘过去的具体记忆，而最近获得的信息具有更大的影响力。

这是否和上面说的“首因效应”有矛盾？“首因效应”在说第一印象的影响力更大，而“近因效应”却在说最新的信息影响力更大。

同样有心理学家做了实验，他设了两组对照组。第一组测试是给了一些关于某个人行为表现的阅读材料，这些材料里有关“热情”和“冷淡”的词句的先后顺序被有意地编排过，结果证明大部分测试者会被先出现的词句影响：如果先集中出现的是有关热情的词句，测试者则倾向于认为这个人整体是热情的，冷淡只是偶发现象；如果先集中出现的是有关冷淡的词句，测试者则倾向于认为这个人整体是冷淡的，热情只是偶发现象。而第二组测试却是将这些阅读材料拆解成几份，先后呈现给测试者，中间加入了做数学题和其他休闲活动的环节，结果显示，大部分测试者会根据最后呈现的材料形成主要的印象：如果最后呈现的材料显示这个人有冷淡的表现，则更多测试者认为这个人整体是冷淡的，热情只是偶发现象，或者认为热情只是这个人在前期的伪装；如果最后呈现的材料显示这个人有热情的表现，则更多测试者认为这个人整体是热情的，冷淡只是偶发现象，或者认为冷淡只是这个人在前期的伪装。

“首因效应”和“近因效应”可能会产生相互影响。例如我们可能对某些人的第一印象就不好，但后来的相处渐渐改变了我们对他们的印象，并且与之建立了比较长久的关系，变成了“熟人”，我们会主观上认为我们已经足够了解他们，并且对他们处在包容的状态。在这种情况下，最近发生的矛盾冲突可能会加剧我们对他们的负面评价，成为我们认定他们“就是不好”的证据，进而忽略了在关系友好的这段时间里，这些人身上呈现过的正面特征，误判双方感情程度的真实情况。

“首因效应”和“近因效应”给我们的启示是：人的记忆并不完全可靠，所发生的事情顺序不同都可能导致我们截然相反的印象。对于陌生人，我们要提醒自己不要受“首因效应”的影响，这会导致我们对不了解的人全盘否定，一直收集负面信息来建立负面的印象，阻碍了关系建立的可能性；而对于熟人，我们则要警惕“近因效应”，要从一时的情绪和情境中跳出来，用更全面的视角对他们进行整体评估，而不是因为最近新发生的事情就认为“他变了”，又或者认为“原来他一直在欺骗我”。

“我应该以身作则，肩负起责任，让我所重视的家庭和组织变得有秩序，稳定地发展才是长远之计。别人可能以为我有点古板固执，但那不是真正的我。没有多少人能做真正的自己，我的内心有太多的牵挂和羁绊。”

· ISTJ | 无懈可击的监管人

核心动力
梳理沉淀

辅助潜能
管控推进

摇摆区间
贯彻信念

长期课题
探索突破

ISTJ是最受组织欢迎的类型之一，他们不但尽责、细心、敬业、谨慎，而且善于组织规划和贯彻执行，无论是在整个社会还是具体的组织内部，ISTJ都是最重要的中坚力量。

他们比较注重现实导向和经验导向，初入职场的时候可能并不会一下子引人注目，他们总是在默默地观察、学习和练习。对于不熟悉的事务，他们始终保持着谦逊和谨慎的态度，在反复的经历之中，慢慢内化成自己的经验体系和实操方法。

随着时间的推移，他们的优势开始显现——扎实的储备、细致的排查、熟练的操作，令他们在大多数事务上都呈现出最**“可靠”**和最**“稳定”**的品质，并且表现出越来越雷厉风行的决断感。在一般的企业中，ISTJ是中高层占比最多的类型之一，他们熟悉业务、重视细节、理性决策，以高度务实的行事作风得到肯定和赞誉。

然而对于尚处在基层阶段的他们来说，情况并不总是积极的，他们的职业生涯早期可能是在高度的**不安全感**之中度过的。

由于ISTJ在心理上高度依赖亲身见闻和亲身经历，利益关系和人际关系错综复杂的“职场”就是个完全陌生的新世界，令他们在很长一段时间内都小心翼翼、如履薄冰。

他们的感受系统是非常敏感的，对于负面经历久久不能忘怀。正是因为这份“敏感”，他们学会了不在同一个地方踩坑，从长远来看这成了他们的财富，令他们对“危险”有极高的嗅觉。

然而就他们个人感受而言，踩坑的记忆太痛苦了，他们并不会忘记那一段段痛苦的记忆。当类似的场景出现时，他们会很容易被唤起当时受伤的感觉，仿佛再一次亲身经历那种茫然无措的痛苦，这会令他们长期处在一个高度紧张和防备的状态。

如果处在一个高度自由、充满灵活和变化的环境中，他们未必会感到舒服和快乐，反而会激起不安全感，时常感到不知所措。但如果组织拥有明文规定的制度、清晰可见的流程以及明确的成功案例可供参考，他们就可以在一个稳固的框架里得到最大的发挥，并且适当地作出一次次的突破和创新。他们的突破一定得是建立在稳健的基础上的。

通常而言，ISTJ自认为是非常可靠的人，这和外人对他们的评价通常是一致的，然而他们可能会倾向于认为大多数人都“不可靠”，从而背负了本来不属于他们的额外责任。例如在合作项目的时候，他们会将分工时没弄清晰的模糊地带都归为自己应该承担的工作内容。

同时，对于他人没有充分地完成工作任务，他们也会感到特别恼火，但却一边恼火一边帮别人“擦屁股”——他们无法忽视风险，难以眼睁睁地看着犯错的后果在自己眼皮底下发生。这容易令ISTJ为了纠正其他人的错误而过度劳累。

他们通常有着高度的集体责任感，尽管他们未必表现得有集体意识——事实上非常多的ISTJ都显得内敛、沉默和不善交际，这和他们高度的集体责任心形成明显的冲突。

ISTJ的内心通常有种朴素的正直感，一般情况下会有强烈的是非对错观念，这种观念和他们从小受到的教育有比较大的关系。对于和自己成长环境相悖的观念，他们通常保持警惕的态度，这会导致在外人看来他们始终有一些想法非常顽固。

这对他们自己而言也是一个难题，他们是珍视过去的人，懂得历史、传统和经验的价值，注重这些价值的传承和延续。然而在现在这个时代，一切都变化得太快了，他们似乎总是比当下的潮流慢了那么一点，然而他们也比其他人更加懂得经典的魅力。

其实他们的内心通常并不像外表看上去那样守旧，他们有自己独特的品位和爱好，只是他们并不倾向于展现自己的这一面，而是将其默默地纳入私人领域。在卸下社会责任和社会身份之后，这些各不相同的私人领域才让他们感觉真正的放松，他们的社会形象和真实个性是被高度切割的，只有极少数人能看得到他们的本性——甚至只有他们自己才知道。

他们倾向于觉得真实的自己是有点古怪的，尤其对自己极度感性的一面，会选择努力地克制，只有极少数亲友能参与到他们的感情世界，他们在狭小的圈子里感到舒适和安慰。与此同时，这也为他们的社交圈筑起了厚实的壁垒。他们是注重社会关系的人，为社会关系所牵绊，但可能在偌大的社交网络里，依然感觉找不到多少知心好友。

当他们慢慢地学会打开心扉，对其他人予以信任，别人会发现：在他们严肃的面具之下隐藏着一颗温润的心，他们有着令人意想不到的深情、顽皮与幽默，**外刚内柔**才是他们真实的面相。

· 对ISTJ职场新人的发展建议

1.建立并维护个人资源管理系统

ISTJ以对细节的关注和组织能力著称，在管理和执行任务方面具有巨大的潜能。为了最大化这些天赋，ISTJ可以考虑尝试构建一个全面的个人资源管理系统。这个系统可以是物理形式的，如使用标签和文件夹来创建一个有序的文件分类系统，也可以是数字形式的，如采用数据库或应用软件来归档和检索信息。

关键是这个系统能够帮助ISTJ高效地存储、更新和回顾关键信息，从而减少对不稳定记忆的依赖。例如，可以将每个完成的项目记录存档，并在每个项目结束时进行反思，提炼出关键学习点和未来可应用的经验。

当遇到新的工作挑战时，他们可以迅速通过这个系统找到历史解决方案，并加以调整应用，从而降低新情境下的不确定性和焦虑感。以下是一些更具体的步骤：

· 选择合适的工具

找时间评估各种可用的工具和资源，选择最符合自己需求的管理系统，可以是专业的数据库软件，也可以是电子文件管理应用。

· 定义清晰的分类体系

根据个人工作习惯和行业特点，制定一套逻辑清晰的分类体系，确保所有文件和资料都能被系统化地存储和检索。

· 定期进行数据备份与维护

设定周期性的数据备份计划，防止数据丢失。同时，定期清理过时或不再需要的文件，保持系统的整洁和高效。

· 制定信息更新计划

为保证信息的时效性，可以制定一个定期回顾和更新知识的计划表，确保系统中的内容始终反映最新的工作状态和学习成果。

2.加强沟通和人际交往能力

虽然ISTJ通常对“规则”和“责任”有着深刻的理解，但他们有时可能显得过于严肃或不易接近，这可能会影响他们与同事的关系，他们需要努力提升自己的沟通技巧和人际交往能力。以下是ISTJ可以采取的提升沟通技巧和人际交往能力的措施：

· 储备沟通的套路

在培训和工具书里学习有效沟通的策略，及时摘取和记录一些简单易用的语句，通过反复阅读和自行练习形成“套路”，并尝试用在日常沟通之中，观察别人的反应并逐步进行调整，在一点一滴的反馈中形成自己的沟通风格。

· 积极倾听练习

在日常对话中练习积极倾听的技巧，比如通过重复对方的话来确认自己的理解，提出相关问题来深化对话。

· 改善非语言沟通

注意自己的肢体语言、面部表情和语气语调，确保它们传达出友好和开放的态度。

· 建立定期反馈的习惯

定期向同事和上司寻求反馈，了解自己在沟通和人际交往方面的进展和需要改进的地方。

3.发展灵活应对变化的策略

尽管ISTJ倾向于按照既定的规则和程序行事，职场环境的不断变化却要求他们学会适应和灵活处理问题，他们可以通过多种途径来培养这方面的能力。

首先，可以尝试参与不同类型的工作任务，以此来接触和学习新的技能和方法。这时候需要注意：最终结果并不重要，这个过程是在探索和学习，通过这个过程来提升自己在不同领域的接纳程度。

其次，不要排斥参加培训课程和业界的交流会议，了解最新的行业发展和技术进步至关重要。他们不一定要马上作出改变，但要保持自身知识的更新，避免自己的视线只停留在周边的一亩三分地。

最后，注意减少自己的控制欲，更多地信任团队成员的能力和判断。ISTJ本能地会高度关注到小细节并希望将其纠正，那是独特的优势，但注意不要把自己的习惯强加到其他人身上，在适当的时候暂时降低缜密性要求，会发现事情真的有灵活处理的空间和余地。

“我的责任、义务和身份都在告诉我：不能做一个自私的人。我好像一直在为别人而活，有时会感到困惑：我究竟是谁？真正想要的是什么？在我找到答案之前，我会认真地生活、认真地观察，或许生命的真相就藏在每一个用心的细节之中。”

· ISFJ | 坚韧不拔的守护者

核心动力
梳理沉淀

辅助潜能
关系调控

摇摆区间
系统分析

长期课题
探索突破

同样以**尽责、细心、敬业、谨慎**为职场上最主要的特点，ISFJ面临的挑战往往比ISTJ更大，他们倾向于低调地支持和辅助他人，默默地为组织作出贡献，将工作环境维系在一种**和谐、稳定、舒适**的日常状态，而不是通过强硬的手段去组织和推进事务。

他们对具体事务思虑周全，善于运用经验和掌控细节，在做熟悉的事务里能获得最舒适的感受，同时保证精确的效果和稳定的品质。在细节方面他们是有完美主义倾向的，通常而言，他们十分擅长需要**精雕细琢、精打细算和高度耐心**的事务。和ISTJ一样，他们都是属于经验累积型，懂得练习、复盘和检查核对，随着时间的推移，会越来越呈现出稳健可靠的大将之风。

他们重视明确的身份、责任和分工，会在职责范围内尽最大的努力，同时也希望其他人能尽到自己应尽的责任，但通常不倾向于强迫和言明。超出职责范围的事务或者含糊不清的工作要求会令他们感到非常困扰，短期内他们可能会选择支持和配合，但长期下去他们会感到筋疲力尽，觉得承担了不属于他们的责任，遭遇了不公平的对待——事实上也确实如此。尽管别人可能并不是刻意为难他们，但他们的高度配合和温和的形象，令别人不自觉地忽略了他们真实的感受和需求，从而做出对他们而言“得寸进尺”的举动。

在面对新领域和不确定的事项时，他们容易觉得惊慌失措和无从下手，花费大量的时间和精力对各种可能性进行彻彻底底的盘查，预想最糟糕的结果，并有着阻止事情继续发生或者逃离当前任务的倾向——但他们通常并不会真正地逃离，而是在不断地准备和盘查之中消耗精力。他们一方面是**风险评估大师**，可以发现大多数人发现不了的危险信号，另一方面也可能因为要面对风险而过度焦虑，进而丧失一些突破的机会。

随着时间的推移，他们可能会记住许多曾经付诸努力但徒劳无功的经历，调整自己的期望去符合他们**“经验上的事实”**。非常多的ISFJ有自我低估的倾向，他们踏踏实实地学习、工作和支持身边的人，并不奢求可以有一番作为，进而显现出谦逊平和的工作态度，但他们也因此可能会被领导认为不够有上进意识。

然而在危机来临的时候，他们往往是最坚实的后盾，以对组织深厚的感情和意想不到的抗压能力，支撑企业渡过难关。

从某种程度上来说，ISFJ更强的是集体意识和利他精神。他们关心身边人的感受，希望大家和睦相处，希望通过切实的行动维系良好的氛围，即便自己作出一些妥协、牺牲和让步也无所谓。他们是所有类型里最具有奉献精神的，倾向于成就他人、成就集体，隐藏自己的功劳，淡化自己的付出，他们会因此获得大家的喜爱和肯定，但也可能错过了一些本该属于他们的荣誉。

并不是所有人都能察觉到他们的付出，甚至有人会将他们的付出当作别有用心。通常而言，他们并不倾向于主动面对矛盾和调解矛盾，而是希望时间能冲淡一切，事实能证明一切。一般状态下，他们是持有包容和体谅态度的，最多只有嘴上发发牢骚，行动上依然在支持、迁就和照顾他人。

但当他们感觉到自己的付出被长期地无视，有切实的证据显现出他们的好心被恶意地践踏，可能会激起他们激烈的反抗，一向矜持隐忍的他们会不顾场合地变得暴怒和愤恨，无视社会影响和实际后果进行强烈的反击，令自认为熟悉他们品性的身边人大跌眼镜。

和ISTJ一样，ISFJ也倾向于隐藏自己真实的个性。对于他们来说，对真实自我的了解是基于历史事件的堆叠，独一无二的经历造就了独一无二的他们。在事情发生之前，他们并不知道自己有多大的可能性，倾向于否认和抵制他们历史经验之外的事情，直到他们从意外的经历之中获益或者受伤，对“真实自我”的需求才变得越来越明确，真正地知道自己喜欢什么和不喜欢什么，而不是受困于限制性信念。

即便如此，他们在内心接纳自己真实的样貌还是需要很长的时间。对他们来说，只有维持外在的平和与稳定，才能有更充足的时间和精力来检视和享受自己独特的内在世界，他们的“社会身份”和“真实自我”也是倾向于割裂而不是整合。他们可能会认为真实的自己有很多阴暗和不堪的面相，或者有很多幼稚和不切实际的想法，这些想法只能让自己知道，不能影响身边的人。

整体而言，他们对自己的真实需求是偏向压抑的，他们将自认为最好的一面留给了社会、留给了组织、留给了亲友与家人。他们经常无意间就背负上了很多社会期望和社会责任，容易为他人而活，而不是为自己而活。

尽管他们内心如此丰富，非常享受一个人的精神世界，却还是难以放下社会身份和社会责任，而让自己陷入劳累，也就是当代人常说的：对自己不够好。

敏感细腻的他们在人生早期可能会经历异常强烈的不适应感，但他们也最能从岁月的洗礼中得到意想不到的收获。日渐成熟的他们会逐渐呈现出**“外柔内刚”**的特点，坚毅的品性越来越清晰可见。当他们蓦然回首的时候，早已比印象中的自己更加强大。

· 对ISFJ职场新人的发展建议

1.建立具有广度和深度的支持网络

在职场中，拥有一个强大的情感支持网络至关重要。为了建立这样的网络，ISFJ需要主动：不要等待别人来邀请，要有意识地主动邀请同事和朋友，一起参加午餐、下午茶或下班后的活动。

通过这些非正式的聚会，ISFJ可以更好地了解他人，同时也为他人了解自己提供机会。参与团队建设活动是加强团队联系的好方法，通过团队旅行、户外拓展或者简单的团队晚餐，他们可以和团队成员建立更紧密的联系。

在这样的互动中，他们可以分享自己的想法和经历，但还应该学会真正的倾听。他们可以提醒自己：保持开放和包容的心态，尊重不同的观点和生活方式，这种多元化的视角将有助于我们成长，以适应多变的职场环境。

寻找和自己有共同价值观和生活目标的人也非常重要，他们无法保证每一个人都和自己有一样的价值观，但至少身边要有少数能和自己有深层次共鸣的人。这样的关系更容易维持，在面对职场挑战时，这些人能够提供最有价值的支持和鼓励。

2.提升面对和处理冲突的能力

ISFJ在面对人际冲突时经常感到焦虑，并倾向于避免直接对抗。他们往往希望能够以和谐的方式解决问题，而不是引发不必要的争执。然而，职场中不可避免会出现意见分歧和矛盾，甚至可以说非常频繁地出现，因此他们需要通过积极的方式来增强自己处理冲突的能力。

首先，他们可以通过学习具体的冲突解决技巧来装备自己，包括了解有效沟通的方法、主动倾听的技巧，以及如何进行调解和协商，不要排斥参加相关的工作坊、研讨会或在线课程来获得这些技能。

其次，将这些技巧进行实际应用，是提升技能的重要途径。他们可以从小范围的冲突处理开始，比如主动地处理和一个亲近同事的小分歧，逐渐扩展到调节更复杂的团队内部冲突，再进一步主动去面对跨部门的矛盾。每次实践后，重要的是要进行反思，评估自己的处理方法：哪些是有效的？哪些地方还有待改进？这不仅有助于积累实战经验，还能增强未来处理类似问题时的自信心。

最后，在处理冲突的过程中，保持冷静和客观至关重要。ISFJ要多关注自己的情绪反应，认识到情绪的波动是会影响判断力的，在有情绪的情况下作出的判断，经常会出现事实上的偏差。通过练习客观分析问题，他们就能够在往后更加公正地解决问题，减少冲突对个人的负面影响。冲突永远存在，重要的是去面对和复盘，将积累的习惯从无意识转化成有意识，将无序的行动转化成有序的沉淀，下一次他们就会做得更好。

3.找到方法去维护内在平和

对于ISFJ来说，内心的平和是最珍视和最重要的状态，能够帮助他们在面对外界压力和冲突时保持冷静和专注。为了维护这种内在的平静，他们可以采取一系列的自我关怀措施。

首先，定期进行自我反思，这是确保个人行为和决策与内在价值观及目标一致的关键。通过写日记以及与挚友对话等方式，检查自己的行为是否真正反映了内心的需求。

其次，练习放松技巧对于减轻日常压力非常有帮助。无论是通过瑜伽、深呼吸还是安静的散步，找到一种能够让自己放松的活动，并将其纳入日常生活中，可以帮助他们在紧张的时刻恢复平静。

再次，培养积极的心态同样重要。专注于寻找事物积极的一面，即使在困难的情况下也不放弃希望。通过积极思考，他们可以找到解决问题的新方法，并保持前进的动力。

最重要的是，他们需要学会有技巧地说“不”，保护自己免受过大的压力和不必要的干扰。这不仅有助于他们管理时间和精力，还能让他们有足够的空间来照顾自己的需求。

如果发现自己难以应对职场中的压力和冲突，寻求专业帮助是一个明智的选择。心理咨询师或职业教练可以提供个性化的建议和策略，能够帮助ISFJ更好地管理自身的情绪和行为。

·“缜密型”的中长期职场画像

“缜密型”的职场成长过程，是在**“稳定积累沉淀”**和**“突破常规思维”**的矛盾中进行的。他们通常是小心翼翼和厚积薄发的，“一步一个脚印”对他们来说并不是职场毒鸡汤，他们需要的只是在准备稳妥的前提下，适时地突破自己的舒适区，令自己有机会跨越到更高的平台，然后再继续历练和积累。他们一旦有机会走到更高的职位，通常会因为极其务实可靠和尊重历史经验的行事作风，成为整个组织的中流砥柱。

在最佳状态下，他们既是风险评估专家，又是有效经验的传承者。他们会用自己的亲身经历作为素材，详述从历史层面看待事情发展的轨迹，整个叙述的过程是清晰、连贯和具有丰富细节的，是整个团队的经验宝藏，也是组织里的定海神针。他们会界定清晰的责任边界和有序的工作流程，在监管和推进工作的过程中明察秋毫，并在坚实的基础上稳定地突破和创新，令组织的成长变得稳健和可持续。

这个过程并非一蹴而就，作为长期目标和终身学习的范畴更加适宜。为了达到这个长远的目标，“缜密型”可以在以下方面有意识地积累经验和培养能力：

·积极能动性意识	·借用团队的智慧	·会议主持技巧
·创新与突破意识	·激发团队的创意	·讲故事的技巧

在这个积累和学习的过程中切记：

找到创新和传承的平衡点，警惕放大恐惧灾难的心理。

第六章

洞见型的“深远”与“疏忽”

· 导言

↓ 主要性格特点	↓ 主要内心冲突
· 强烈的愿景实现驱动力	· 轻视动态变化的现实环境
· 通过内观获得宏观视野	· 轻视现实中的细节和经验
· 坚信自己看到发展轨迹	· 容易陷入一意孤行的状态
· 不断追求深刻的意义	
· 持续探索隐藏的联系	
· 坚韧不拔的意志	

INTJ和INFJ在荣格的术语里统称为**“内倾直觉型”**，为了照顾大多数读者，本书采用**“洞见型”**进行替代。

对于“洞见型”而言，**“深远觉察”**和**“愿景实现”**是最重要的内心需求，相信自己富有超越同龄人的远见，相信自己拥有别人没有的深刻见解，相信自己具有宏观视野。如果所从事的工作可以让自己的洞察力得到验证和提升，看到自己的洞见在现实中逐步落实，并且在其中扮演着主导者或者不可或缺的角色，他们将产生无穷无尽的驱动力。他们需要“全局画面清晰化”，破除迷雾仿佛就是他们的天职，无论是破除自己脑袋里的迷雾，还是破除混乱现实造成的迷雾，他们有强大的意愿朝着明确的方向奔赴，控制未来的走向。

他们遇到的阻碍通常是**“适应变化”**和**“关注现实”**，原因是他们潜意识里认为现实层面的一切行为和变化都是表象，表象之下存在着永恒不变的规律、模式和真理，抓住这些本质才是正确的，认为大多数人都受困于表面的束缚，所以轻视现实的变化和眼前的细节。他们可能会感觉到现实世界有一种虚无感，仿佛冥冥之中早有定数，如果能抓住未来发展的蛛丝马迹就可以改变现状，但是“未来”和“现在”的界限并不清晰。

然而他们在潜意识里同样渴望参与和改变现实，希望能够感受到当下的真实感和纯粹的快乐，只不过，让他们彻底地活在当下、顺其自然、观察细节、随机应变会令他们十分排斥，并感到巨大的压力。他们需要通过理性的手段和科学的方法，将他们的洞见转化成一般大众能够理解的语言，在现实世界里有目标、有方法、有秩序地实施落地。

洞见型的基本特征

关注自己脑海中浮现的画面，被强烈的预感和宏大的愿景指引，探寻深刻的本质和长远的意义，希望将自己“看”到的画面带到现实，然而通常忽略日常的生活和实际的环境，在表达清楚自己深刻的洞见方面存在挑战。

· 典型情境

Wayne | 景观设计师 | 两年工作经验

Wayne是一位年轻的景观设计师，在步入职场的两年里，他总是能看到其他新人看不见的问题，为项目提出好的建议，尤其是大方向上的问题，他的领导也因此觉得他具有上升的潜力。

这次领导决定给他一次机会，让他独立负责一个小型项目的设计，并给他最大的权限去进行项目汇报，给他锻炼的机会。

Wayne兴致勃勃地投入设计中，他的构思充满了创意、美感和人文理念，他坚信这是一个完美的设计，并为此投入了大量的时间和精力。他相信自己知道说服客户的关键问题在哪：极致的空间体验、完美的设计细节和精彩的营销理念。

因此，在项目的整个设计过程中，他很少向领导请教，甚至连提交成果都没有经过领导审核。他对自己的洞察力有把握，也确实在设计方面做到了他能做到的极致，他相信客户能被自己的设计打动。

然而在项目汇报的时候，当他完成了精彩的演讲，一名工程师向他提出了一个问题：“你考虑过地下管道和排水系统的问题吗？”这个问题让Wayne感到有点不自在，因为他完全没有考虑这些方面，在他看来这并不是项目的重点。

随后，另一位施工专家也表达了自己的疑虑：“你有没有考虑这些独特材料的造价问题？在市场上是否有足够的供应或者替代材料？”Wayne陷入了慌张——这也不在他的考量范围之内，他认为这是施工部门要考虑的问题。

接着，一位生态学家也提出了疑问：“你的设计是否会对当地生态系统造成负面影响？你有没有进行生态风险评估？”Wayne开始感到深深的困扰——在他的认知范围内，生态系统问题一直只是一些表面功夫，或是一张张套模板的PPT图片。

他的大脑一片空白，没法解答客户的问题，尽管他的领导很快就帮他把这些问题都圆了过去，但这次汇报依然没有通过。

领导在回公司的路上对Wayne进行了批评，认为他没有做好充分的准备，也没有和领导进行充分的沟通。Wayne觉得委屈又愤怒：

“我明明做了非常充分的准备！”

他不明白为什么这次汇报没有通过，客户提出的问题在他看来根本就不是关键问题，不会关乎项目的成败！然而现实就是汇报没有通过，但他觉得是客户缺乏重点意识，在不重要的细节上纠结。

这种内心的困扰和挣扎让他陷入了深深的沮丧中，但他没有向领导继续询问——巨大的挫败感淹没了他，令他保持沉默。

· 核心问题

在职场中，具有洞察力天赋的职场新人常常会陷入一种特殊的矛盾中。这类人通常能够看到事情深层次的问题，有大局观地追求卓越。他们往往会投入大量的时间和精力在自己异常笃定的方向上，确保每一个他们认为重要的细节都经过深思熟虑，但结果往往会在意想不到的小地方翻车。

他们觉得自己既有整体思维，又能看穿事情的本质并分清重点，而且还追求完美和极致，为什么还会出问题呢？

这是因为他们的宏观意识和重点意识，经常会导致他们错过一些非常基础的细节信息——可能是委托书上的一行小字，也可能是淹没在常规要求里的一个小小的特殊要求。

在实际项目中，细节和实际可行性常常充满复杂性，需要丰富经验和专业知识来解决，但这一类新人往往对这些信息视而不见，将这一块的内容通通归入了“不重要”的区域，高度专注于自己洞察到的大方向，忽视了视线盲区，从而阻碍了他们积累扎实的细节实操经验。但如果此时他们被批评“没有全局观”，他们内心会十分不服气。

“没有全局观的明明是领导和客户！”

他们很难意识到那些所谓的不重要的细节和小事也是全局的一部分，“大局”和“全局”是有微妙差异的：有大局观的人容易看到事情的重点、做事情分轻重缓急，这是“洞见型”自我认同的领域；但有全局观的前提，是他们首先要知道全局有哪些内容。

他们最有天赋的部分，实际上并不能在他们目前这个阶段发挥最大优势。作为基层员工，更重要的是踏实稳健地执行具体细节，跟有经验的同事与领导沟通清楚，积累实战经验。

但他们却是靠**“洞察力”**和**“独立性”**搭建自信心的，注意力都放在更高层级关注的地方，并且觉得和人沟通会导致低效，宁可按自己的理解，单打独斗地做到自己标准之内的完美。于是他们将大部分精力都集中在问题的重点和创新上，但当下的积累又令他们没办法真正地看清全局，导致视野狭窄。

他们可能在工作的后期才发现自己遗漏了基础性问题，浪费了大量的时间和资源在反复修改上，这种现象让他们备感挫败和困惑。**宏观的视野、过度的独立、完美主义式的投入，再加上实际经验的匮乏，**构成了一种复杂的矛盾。

所有的职场年轻人都可能会有这样的心理和阶段，但在人格类型学里，INTJ和INFJ这两个类型最容易深陷在这样的境遇里，并在很长一段时期内都找不到突破口。

·“洞见型”的心理摩擦力

1.愿景实现上的完美主义

他们习惯于捕捉自己流动的想法，整合灵感并一步步清晰化内心的构想。他们会在大脑内部形成对未来事件的愿景，希望未来能按照自己预设的轨道完美到来。但是“完美”是不存在的，现实和预想的落差可能会令他们陷入紧绷状态，现实中一点点的偏轨都会令他们感到巨大的焦虑。他们可能会因此把简单的问题复杂化，花费大量时间重新构建自己的规划和系统。更有甚者，他们可能会因为意识到现实中的完美不存在，而将自己困在“想象的完美”中，一直停留在完善想法阶段，而不是踏出实践的第一步。

2.不愿意改变自己的方向

他们对自己预测的方向非常笃定，一旦踏出了第一步，就会披荆斩棘地往特定的方向奔赴，坚信自己一定是正确的。如果事情没有按照自己的设想发展，他们可能会有这样的心理活动：一定不是自己在想法上存在问题，而是外界出现了问题！有些外界问题确实超出了一般人能处理的范围，例如合作方内部错综复杂的利益关系，作为个体很难去改变这些顽疾。但他们仍然可能会“不撞南墙心不死”，令身边的人感到他们很偏执和不切实际。

3.重视洞察力而轻视经验

他们高度信任自己的洞察力，对于任务和项目的理解源于他们习惯的“模式识别”。他们会认为许多事情都是一样的道理，即便是他们没有实际经历过的事情，背后也是相似的运作机制。他们对事情的理解更像是站在多个角度不停地揣测和分析，而不是依赖于实际看到的情况和过往的经验。这可能会导致他们在经验不足的时候，无法描绘出现实情况准确的画像，进而在意想不到的细节处踩坑。

4.觉得同龄人短视和肤浅

他们思考问题的方式与众不同，更注重深层次的分析和创新思维。他们更倾向于挖掘问题的根本原因，而不只是解决表面现象。然而他们的分析中往往包含着一部分说不清道不明但又异常笃定的方向预感（这是和“分析型”很大的区别）。这种思维方式使他们在团队中显得独具特色，但也可能导致与其他人的融洽程度不高。他们的观点和方式很容易与同辈相左，造成一种疏远感。一方面他们可能不屑于与同辈有深入的交流，另一方面又可能更容易察觉到人际关系中的微妙变化。他们可能更敏感于同事之间的紧张氛围或“办公室政治”，导致不必要的压力和焦虑。

5.认为上司能力不足

他们往往在职场早期就能够看到工作中更深层次的问题，包括潜在的风险和改进的机会。然而，他们也容易因此而感到烦躁和愤怒，因为他们的上司可能没有足够的洞察力，未能意识到这些问题的重要性。这种不满可能导致紧张和冲突，从而增加了心理摩擦力。

同时，由于他们通常能够提供独到的分析和解决方案，也有可能会让上司对他们有较高的期望。他们可能会因此强迫自己在工作中一直表现出色，承担更多的责任，这可能会导致工作中的紧张和焦虑情绪。

6.怀才不遇的感觉

拥有洞察力的职场新人往往对自己有较高的期望，他们认为自己的观点和能力应该获得更多的认可和重视。然而，他们可能会感到自己的观点被低估，没有得到应有的机会。这种怀才不遇的感觉可能导致沮丧和失望，对他们的职业动力和幸福感产生不利影响。

7.持续的自我怀疑

这一点通常非常隐秘，他们本人可能会有非常深刻的自我批判，但外人却感受不到。他们往往主动设置极其严苛的标准，无论是对自己还是对别人。但他们初次进入职场时，由于缺乏实际经验和专业知识，经常会发现自己的能力没办法企及自己看到的高度。

他们可能会因此担心自己是否真的聪明，担心自己的洞察力是否准确，不断质疑自己的观察和分析，甚至对过往的人生都产生怀疑。他们更容易看到问题的多个方面，但这也有可能令他们陷入“决策瘫痪”。他们可能会因为害怕作出错误的决策而拖延决策的过程，最终犹犹豫豫，不够果断，影响工作的效率。长此以往，他们的自信心可能会不断地遭受打击。

·“洞见型”的心理调适策略

要更好地克服心理摩擦力，首先要做到一些“意识”上的转变，才能更顺利地进入到行动层面。洞见型新人及其他信赖宏观模式的职场新人，可以参考以下的观点，尝试转变看问题的角度。

1.“看到”和“做到”是两回事

在职场中，具备洞察力的人通常能够发现那些别人忽略的关键信息，能够预测趋势，看到市场变化，分辨团队内部的问题，或者识别产品改进的机会。这种潜在的能力非常关键，可以帮助他们在长久的职业生涯中站稳脚跟，形成非常独特的竞争优势。

但在职业生涯早期，仅仅只是“看到”问题，并不足以让他们一步登天，取得成功。

· 我“看到”了问题，但能不能说得清楚呢?
· 别人相不相信呢?
· 有没有客观条件可以改变现状呢?
· 能不能排除万难，真正地拿到结果呢?

如果把“洞察力”比喻成一台高级的探测仪，那它也必须通过有效的操作和运用才能指导大家挖掘出真正的“宝藏”。在职场中，能够将洞察力转化为实际行动的人才是最受欢迎和最容易

成功的。这要求他们不仅要能够看到问题，还要能够提出解决方案，采取措施来改善局势。

那么，怎样才是有效的操作呢？有两个选择。

第一个选择是：他们自己来掌舵操作。那他们必须面对的是，不但要用“洞察力”这台探测仪“看到”，还要真正参与到“挖掘”的过程中，并且最终能真正挖掘出“宝藏”。然而作为基层人员，这往往是不切实际的，他们没有那么多的职权和资源，来充分发挥自己的势能。

那么在这个阶段发挥才干最有效的做法就是第二个选择——把操作权和决策权交给有职权、有资源的人，他们给出一份简洁易懂的说明书，通过团队挖掘的结果，来证明他们所洞察到的是可以落地实施的。在这个过程中，无论实际上最终的决策是不是完全遵照他们一开始的预测，至少在重要决策人面前展现了他们的潜能。如果他们对自己的洞察力足够自信，并且希望自己的才能可以逐步地施展，主动踏出这一步是非常必要的。

只有通过实际行动，他们才能真正改变事态，创造实际价值，这将是在职场中取得成功的关键。无论他们是在管理岗位、销售岗位还是项目管理岗位，能够将洞察力转化为实际行动的能力，将使他们在职业生涯中脱颖而出。

2.“潜力”不代表“实力”

在荣格学派的观点里，“洞见型”是先知、思想家和艺术家的高产类型，常常深入到复杂晦涩的精神领域，超越表象的桎梏并领先于时代。但由于视野过于宏大且深入，他们的想法可能符合永恒的模式，却不符合当下的情境。有两个方面的显著问题浮出水面。

第一个方面是洞察力的显化困境，也就是前文提到的内容：“看到”与“做到”的矛盾，他们难以清晰完整地把复杂构想完美呈现。

第二个方面是傲慢自负的滋长，“好高骛远”是这一类人的突出问题——容易只关注自己想关注的，“知道”事情一定会朝哪个方向怎样发展，却不重视实际情况和事实经验，困在宏观构想和遥远蓝图里。

他们一般是分析和建议的高手，在比较年轻的时候，可能会以“预见别人的失败”来证实自己的洞察力，想象“如果是按自己设想的路径操作就大概率会成功”，在构想的世界里压倒别人以获得心理上的优越感。他们如果习惯了在这样的情况下自我感觉良好，没有意识到自己可能只是“精神世界的强者”，就非常容易变得眼高手低，直到在实践活动中遭遇挫折，自尊心受到巨大的伤害，可能会陷入战战兢兢的长期准备和自信心疯狂摇摆的困境。

在职场中，我们经常会听到人们谈论“潜力”和“实力”，也很容易就能看出这两个词的区别，但大部分新人有可能会意识不到：职场目标和学生时代的目标大不相同，学生时代的“实力”，在职场上仅仅被视作“潜力”。

在这方面洞见型新人尤其容易混淆，他们的优势是概念上的融会贯通，倾向于认为万物同源，以概念引导实践（这里的“概念”指的是高度抽象化的模型思维，而不是具体的某个理论概念），但潜力与实力在具体情境上的微妙差异却容易被他们严重忽视。

学生时代的专业技能通常是理想化的，重点是展现和发挥各种**创意和可能性**。学生们被鼓励独立思考，探索新领域，以推动知识的发展。这可能是洞见型新人曾经发光发亮的主战场：以独立的意志和原创的精神，整合各种别人看不到的关联的信息和事物，形成极具个人特色的新思想或新创作。

然而，职场却要求创造**直接的效益**。只要他们还待在职场，希望在职场中证明自己的实力，就不能脱离职场的评估标准，而且在这个评估系统里，存在大量其他渠道无从得知的细节。

要理解其中的差异，可以通过以下比喻来解释：

想象我们是一棵树，我们已经经过了萌芽阶段，长出了枝干和叶子，这个过程并不简单，经历过严寒暴晒，对抗过狂风暴雨，终于绽放出艳丽的花朵。我们以为这就是这棵树最有价值的时候，因为我们既得到过路人的赞叹，也欣赏过自己美丽的样貌，这是内外双重的肯定，怎么能说我们没有“实力”呢？

然而在学生时代，更能得到认同的是“开花”，在职场上更看重的却是“结果”。一棵树有“开花”的能力，不代表就能结出丰硕的“果实”。我们可以从“开花”预见到“结果”的必然性，但“果实”要想结得好，还要懂得如何“施肥”。而施肥是一项有技术壁垒的工作，只有具体实操过，才能掌握其中的规律。

他们不需要向具体的某个前辈卑躬屈膝，但必须尊重无数前人累积下来的实操经验。天才也需要站在巨人的肩膀上，而这个“巨人”就是现实的操作经验。只有认清这一点，他们才有机会更早地摆脱“恃才傲物”和“怀才不遇”的心理。

“我知道很多事情必然会按照我的设想发生，但大多数人并没有先见之明。预估外界的发展方向真的不难，控制自己的方向才是最艰难的。我知道实现完美蓝图的道路充满了不可计数的障碍，但我相信我的洞察力和理性，谁也别想动摇我前进的意志。”

· INTJ | 深谋远虑的规划者

核心动力	辅助潜能	摇摆区间	长期课题
深远觉察	管控推进	贯彻信念	即时反应

INTJ经常以一种“拒人千里”的形象出现在集体之中。他们高度信任自己的洞察力，重视自己看到的趋势和愿景，并通过制定策略和步骤，将想法井然有序地实现。他们往往看起来非常理性而且有点专制，但私底下却很喜欢进入自己的幻想空间，不断地审视自己的想法是怎样流动的，在闪现的灵感里领悟出更宏观、更深入、更永恒的思想主题，这才是他们最享受和最真实的状态。

社会化可能会令他们更认同自己理性、果断、科学的处事方式，但他们却很难抗拒天性里**“冥冥之中皆有联系”**的想法。他们经常不自觉地进入到专注于自己大脑内部的状态，不想放过脑海里隐约闪现的画面。这些画面似乎预示着事物未来发展的轨迹，存在着某种被隐藏的真相——这个过程并不是逻辑化的，更像在收集灵感的碎片，以拼凑出全新的、整体的视野。但在其他人眼里，他们可能只是在“走神”。

从某种程度上来说，他们游走在科学的灰色地带，并不是纯粹的理性主义者和现实主义者，难以言说的精神力量在很大程度上引领了他们的人生方向，也令他们更容易跳过缜密的逻辑思考。从相关性和最大概率的角度出发，快速把握宏观趋势和深层联系，通常体现在他们会突然产生强烈的方向性预感。

当他们进入职场之后，**“深思熟虑”**是他们的重要特征。他们试图将事情的发展都控制在自己的预想之内，但不会轻易展现自己的想法与计划。一旦他们对外公布他们的计划并行动起来，实际上背后已经花了大量的时间和精力，他们确信自己掌握了大局，这时候他们会坚定不移，甚至可以说是极其顽固。

他们特别注重**“独立性”**，当进入到工作环境时，通常会忽视外人情感，将其他人的诉求视作干扰因素，表现出一种外人看上去过于冷静和果决的态度。

“让我一个人专注地完成任务，不要来打断我。”

无论有没有说出口，这是他们常有的内心体验。他们需要“心流”，一旦思路被打断，就会变得极其暴躁，不自觉地露出厌烦的表情，这会令在工作场景中试图接近他们的人感到巨大的压力。高度专注于目标的达成是他们的重要特点，以至于他们经常忽略与自己所看到的方向不一致的细节和声音，并将之视为一种干扰。

他们有比较明显的完美主义倾向，但这种倾向并不体现在方方面面的细节上，而在于**“完美地将脑海中的画面带到现实世**

界”，以证实自己的洞察力。当他们还是职场新人时，通常不擅长与别人沟通，但会试图通过卓越的工作成绩来获得组织中的一席之地。他们经常不自觉地对自己设置极其严苛的高标准，逼迫自己不弱于人，这种极高的要求还会投射到身边人的身上。

“没有条理的同事和领导真的让我很恼怒。”

在他们的职业生涯早期，大多数同事的工作表现都会令他们觉得不满意，但他们不一定会明显地表露出来，除非同事的失误导致自己需要花费额外的精力去弥补过失，这会令他们感到异常愤怒。有时候他们在感觉到事情快要失控时，甚至会强迫式地帮整个团队承担起责任，内心燃烧着熊熊怒火——他们不允许事情在自己的眼皮底下失控。

因为有过人的远见和整体思维天赋，他们甚至可能经常认为领导在做愚蠢的决定。但如果领导是非常有能力的问题解决者——哪怕并不是那么通情达理，他们也会十分愿意忠诚地追随，扮演完美的执行者。

然而他们并非总是表现得如同自己想象中一样完美，沟通和表达通常是他们职业生涯早期的短板，对现实情况的把握以及对细节的忽略更是持续困扰他们的难题。在他们的实战经验还不够丰富的时候，容易导致闭门造车，令他们的最终成果达不到预期的高度或质量，甚至全盘失败。

“我或许并没有自己想象中那么聪明。”

尽管他们对自己的能力有比较高的自我认同感，但可能会产生智力上的担忧。正如上面说的，他们实际上更依赖内在的灵感和洞察力，而不是逻辑上科学的方法，但“逻辑”的好坏程度在当代社会文化里，通常和“智力”的高低画上等号。

他们知道自己非常需要充足的信息和时间的准备，才能把问题想得足够透彻和深入，在面对突发情况或者需要随机应变的场合时，他们十分容易变得紧张，甚至是手足无措。拥有洞察力和长远意识是他们的优势，但灵活性却通常是他们职业生涯早期的短板。因为想表现得无懈可击，他们可能会不断完善大脑中的画面，陷入冥思苦想，推迟真正做出行动的时机，或者在行动中一意孤行，将简单的问题复杂化，陷入完美主义陷阱。

同时，因为习惯性地将时间和精力花在完善想法上，他们感兴趣的话题也经常集中在非常深入和严肃的领域，这会令身边的人觉得难以和他们有顺畅的交流。

“我真的不喜欢漫无目的的闲聊，但我并不是没有感情的。”

他们有时候会困惑于别人对自己的评价，觉得自己并不是大家印象中的那么坚硬和冰冷，他们愿意和别人深入讨论话题，并且也会努力（但矜持）地付出自己的真心。只是一旦进入到高度黏合的社交环境之中，他们又容易感到疲累。对于记住他人的名字、喜好、聊天细节等方面，他们是真的没有任何动力，经常会因为无法接上话题而感到尴尬。

他们中的大多数人在社交词汇的积累方面是十分匮乏的，也需要大量的独处空间和对自我节奏的掌控权。缺少“有空间的社交”及“恰如其分的表达”是大多数INTJ会遇到的职场难题。

当他们有能力将自己脑海中复杂的画面转化成简洁有力的逻辑表达，和身边人建立深层次的信任时，他们将成为掌控宏观趋势的大师、解决深层次问题的专家以及纵观全局的优秀经理人，强烈的愿景实现意志和果断的行事作风令他们的力量势不可当。

· 对INTJ职场新人的发展建议

1.用工具将构想呈现并简化

INTJ经常沉浸在自己的思维世界中，他们的想法往往是创新且宏大的，但是在将这些想法转化为可执行的计划时，可能会遇到表达和沟通的挑战。在职场中，INTJ需要找到一种方式来精简化和具体化他们的复杂构想，使团队成员和上级领导能够轻松地理解。

为了实现这一点，INTJ可以借助各种视觉化的工具，例如流程图和思维导图等，这些工具可以帮助他们将复杂的思路分解成简单易懂的步骤和阶段。通过可视化的方式展示思考过程，不仅有助于他人更好地理解INTJ的意图，也能帮助INTJ更清晰地梳理自己的思路，发现可能存在的逻辑漏洞或实施障碍。

此外，INTJ还可以考虑创建测试模型或模拟系统，尤其是当项目涉及新产品开发或系统设计的时候。通过构建一个小规模的工作模型，不仅可以直观地展示最终产品的功能和外观，还可以在开发初期就测试和验证想法的可行性，从而减少资源浪费，避免方向性错误。

在简化和呈现构想的过程中，INTJ也需要学会提炼关键信息，避免过度复杂化。比如，INTJ可以关注最重要的几个点，并且学会用简洁有力的语言去表达它们，令团队成员更快地抓住重点，共同推动项目的开展。

2.建立关系网络和维系信任

虽然INTJ倾向于独立工作，但他们很快会意识到，没有良好的人际关系网络，即使是最宏伟的计划也难以实现。因此，INTJ

需要投入时间和精力去建立和维护与同事、客户以及上级之间的关系。

这首先需要克服心理上的障碍，因为INTJ一般对“关系建立”并不感兴趣，对于“社交”倾向于少量、真心且深入的联结，而不是去建立和维系人脉，并且INTJ很难对别人产生欣赏的感觉。为了做到这一点，他们可以先练习找到别人的优点和特长，利用自身的洞察力与辅助工具，为身边的人做性格优势上的盘点。

始终要注意的是，这个过程的目的是帮助他们去欣赏和理解别人的优点，而不是将身边的人当作“工具人”。不然他们可能会将这种行为定义为“利用”，别人也会嗅出他们的“利用”，从而使他们容易遭到他人的防备，也可能导致他们产生自我批判。

在看到别人优点的基础上，他们可以适时地展现出对他人真诚的关心。这种关心可以通过简单的日常问候、记住重要日期（如生日）或者主动伸出援手表现出来。通过这些小举动，他们可以逐渐建立起与他人的良好关系，并在团队中树立起积极的形象。

其次，他们需要展现出自己的可靠性。这意味着他们必须遵守承诺，按时完成任务，并且在出现问题时勇于承担责任。这对于INTJ而言并不困难，他们本来就是对工作高度负责的，需要的只是在出现问题时，警惕被批判的情绪控制，带着情绪的批判很容易被他人认为是在推卸责任。

最后，学会倾听他人的意见和反馈也非常重要。在讨论和会议中，他们不仅要学会表达自己的观点，还应该给予他人发言的机会，尊重不同的意见。这对于INTJ来说是一件比较困难的事情，但他们首先要认识到：自己其实经常在事后消化其他人的想法，整合完善自己的构想，只是在别人的意见到来的那一瞬间容易产生排斥的情绪。一旦有了这个自我觉察，INTJ就能更好地进行自我控制，在讨论和会议中减少独断专横的行为表现。

3.将细节交给后勤保障系统

INTJ通常对战略和创新有着浓厚的兴趣，但这也可能导致另一个结果：对日常工作中琐碎的细节感到极其厌烦。然而，正是这些看似无关紧要的细节，构成了通往成功的基石。为了确保这些细节不被忽视，同时又能保持对工作的激情，他们可以将一些日常的、重复性的工作任务交给后勤保障系统来处理。

INTJ可以利用项目管理软件来跟踪任务的进度。这些软件可以帮助他们分配任务、设置截止日期，并监控整个项目的进展情况，确保每个工作任务都能得到妥善处理，而不必亲自去介入每一个工作细节。建立一个标准操作程序也是非常有效的办法，可以确保工作流程的一致性和高效率，以系统来界定团队成员的职责，减少因误解或沟通不畅而导致的错误。

当建立了良好的关系网络之后，他们可以考虑委托一位行政助理或团队成员来处理日常的行政工作。这些人员可以帮助他们处理电子邮件、安排会议、整理文件等，从而让他们能够专注于更重要的战略决策和创新活动。

但是一定要记得：找到最合适的人，尊重他们的实际意愿，考虑双赢的方式，发自内心地对这些人表达感谢，在适当的时候给予相应的关心和报答。

谨记他们不是“工具人”，而是活生生的“人”。

“有人说‘人心是最深不可测的’，但我总是能轻易潜入别人心灵的深海。我经常觉得自己在经历分裂：深切的同情和冷静的旁观在激烈交战。我的人生似乎担负着某种重要使命，在触及最本质的内核之前，我会保持微笑面对，即便这个世界真的不那么可爱。”

· INFJ丨敏锐深刻的建言者

核心动力
深远觉察

辅助潜能
关系调控

摇摆区间
系统分析

长期课题
即时反应

和外表坚硬的INTJ相比，INFJ通常更具有迷惑性，他们重视组织和谐与集体共识，表面上大多是气度不凡和温柔得体的。他们将锋芒小心翼翼地隐藏起来，以至于大家可能会分辨不出其实他们本质上和INTJ是一类人——都是对自己的洞察预测有着近乎偏执般自信的“洞见型”。

和INTJ一样，他们被大脑中闪现的灵感和画面驱动，相信**万物皆有联系**，以一种超越科学桎梏的角度，挖掘深刻而永恒的本质和意义，想要找到宇宙的终极奥秘。这种本能的深度探索驱动力在当代社会往往不被理解，很容易被认为是玄学甚至是迷信。但INFJ往往能穿越玄学的“外衣”，认识到所有的理论说法——包括宗教式的观点——存在内核上的深层关联，通过在精神领域灰色地带的深入探索，获得惊人的**洞察力**。相较而言，他们比INTJ更能接纳自己“非科学”的一面。

和INTJ不同的是，INFJ普遍对“人”更感兴趣。在16种类型当中，INFJ可以说是最深谙人性的类型，他们有非常强烈的兴趣去理清错综复杂的人际关系，关注人类的集体命运和永恒的苦难。然而这种兴趣也给他们带来了不好的一面：非常容易看到人性深不可测的幽暗。

他们可以清晰地辨别出幽暗成分的细微区别，并且不可抑制地想探寻得更深入、更彻底，直到找到可以说服自己接受的解释，并以一种超然物外的态度去看待人与人之间的关系，指引自己做出理性的行为。

这会让INFJ经常产生一种令人难以理解的内心体验：一方面极其容易受到其他人评价的影响，令自己深陷不被理解的泥潭，在别人的眼光里感到苦不堪言；另一方面又以一种超脱的视角对自己和他人进行评估，认为一切的发生都有其存在的道理。

“我真的觉得很难过，但我也理解他为什么会这么说。”

他们容易吸收到别人的情感诉求和负面情绪，并且极力抵抗自己受到影响。和INTJ一样，**“独立性”**也是他们重要的特征之一，而这一切却隐藏在了他们平静温和甚至热情周到的外表之下，外人很难察觉。

这种矛盾的心理令他们很难彻底释放自己真实的情绪和需求。在工作中面临冲突分歧时，他们倾向于选择隐藏自己的真实想法，扮演协调者的角色，而不是争取表达自己的洞见。

他们更像是一个**“观察者”**，时刻控制着和外人的心理距离，避免因为过度的靠近而干扰了观察的视线，容易显得既亲近又疏远、既温柔又有点难以言喻的神秘，因此要走进INFJ的内心通常是一件非常困难的事情。

他们日常并不表现出雷厉风行和冷静理性的一面，而是保持着对他人的友善和关心。但当大家误以为他们是没什么脾气和想法的“老好人”时，又可能会突然看到他们极其坚决果断的一面，他们以一种惊人的魄力，作出令人意想不到的决定——坚定不移甚至偏执地按照自己的想法来完成工作任务，或者彻底改变职业方向，又或者突然砍断一段他们认为不健康的亲密关系。

“谢谢你的建议，我已经想清楚了，无论如何，我都要这么做。”

这在外人眼里是一反常态的事情，实际上他们早已深思熟虑，并不是一些人所认为的：他们只是一时冲动，冷静下来就好了。一旦到了这个地步，INFJ的决心就无比强大，要改变他们当下的决定几乎是不可能的事情，除非INFJ在经过一段比较长的时间之后，对事情有了全盘的新领悟。他们是“不鸣则已，一鸣惊人”的。

然而相比于习惯通过理性手段强硬推进事务发展的INTJ，INFJ真正的才能更容易被忽视。他们更习惯用“影响力”来潜移默化地达成目标，而不是通过具体清晰的管控来推进。除非他们从事的行业是以专业技能为导向的，例如教师、讲师、咨询顾问等，有持续供他们在特定场合展示才能的机会，他们真正的潜能才更容易清晰地显现。

同事们可能会惊异于他们无意之中的一针见血以及不经意间透露出来的思想深度，但很快又会被他们更显著的特征吸引——对人际关系的深刻理解、温和友善的关心和支持，而不是赞赏他们优异的工作能力。

这对INFJ来说是一种两难的境地，他们的内心始终有一种强烈的自我实现愿望，希望证实自己预言的绝对正确，希望将自己预见的未来发展带到现实——这是“洞见型”最显著的特点，但这通常和自己惯用的职场生存手法背道而驰。逻辑上的合理性是在他们自己内心建构的，他们对待外界更习惯将真实的观点隐藏在极具个人特色的暗示和隐喻之中，希望别人通过和他们的交流领悟出事情的真谛，温和地影响事情的走向，而不是直接捅破来进行强有力的表达、控制和推进。

“这里面的道理，大家可以一起想一想。”

一些人会因为这样的思维和交流习惯而认为他们高深莫测，并且能在他们的启发之下得到真正深刻的思考，而另一些人则可能认为他们说话语焉不详、七弯八拐，反而觉得他们不善表达、立场不坚定或搞不清重点，进而忽视他们真实的才干。

当他们学会积极地看待所有的情绪——无论是自己的还是别人的，有效地表达自己复杂而深刻的想法，他们可以是团队中最敏锐的预见者和最有说服力的组织者，以高度的同情心和同理心，精准拿捏人心的走向，引导组织走向崭新的局面。

· 对INFJ职场新人的发展建议

1.绘制明晰的情感与职责界限

对于INFJ而言，无论是在职场还是生活中，都要意识到的一点是：你的情绪虽然是复杂而多变的，但你的情绪同样是重要的。尤其是如果负面的情绪在持续，而这个负面情绪的来源是工作的某一部分或某个人，那就必须面对它、解决它，而不是一味逃避、忍让，直到负面的情绪累积到一个无法承受的程度，直接以最极端的方式割离。

这种方式虽然是INFJ应对人际关系和面对事情的典型处理方式，但确实也是一种极其消耗的处理方式：总是推倒性地从零开始，实在是过于可惜了！这不值得成为事业或人生的某种常态。所以学会在问题初期或负面情绪持续的过程中，主动干涉、表达、沟通、解决，学会拒绝与划定界限，对INFJ的长期健康和发展会有很大的帮助。

具体到措施层面，学会在个人情感与工作职责之间设定清晰的边界是至关重要的，INFJ可以借助思维工具来理清自己的思路，明确自己的角色和责任范围。

- 我应该做什么？我可以做什么？
- 我可以寻求什么支持和帮助？
- 我帮助其他人的底线在哪里？
- 超出这个底线的话，应该怎么合理地拒绝？

在这个过程中，他们将慢慢地学会信任团队成员并委托工作任务，以及在必要时寻求他人的帮助，拒绝那些可能侵犯个人空间的请求，在适当的时候主动提供支持，但不至于牺牲自身的福祉。这些明确的边界将使他们能够更好地管理自己的时间和精力，确保能够将精力集中在最重要的工作任务上。

建立边界的过程可能会让他们一时间感到不适应，然而一旦将边界和原则清晰化，他们依然可以在这个基础上灵活游走，知道哪些情况下自己有能力灵活地处理好问题，哪些情况下自己容易踏进负面情绪的深渊。

虽然明晰的边界可以提高INFJ的工作效率，但情绪问题依然可能在实际的工作过程中不断地产生，并对INFJ造成影响。为了保持情绪的稳定，他们可以培养自我关怀的习惯（先爱惜自己，再理解他人），定期进行放松活动，维持社交生活和兴趣爱好，让自己接触大自然，享受美食等。同时，直接学习“情绪管理技巧”也是一个比较好的办法，如情绪释放练习或情绪调节策略。这些方法能够帮助他们在面对工作压力时保持冷静和客观，避免因情绪上的过度投入而导致精疲力竭。

2.用积极的心态磨砺沟通艺术

“有效沟通技巧”对于INFJ来说是实现职业理想的关键，他们可以练习如何以积极的方式提出自己的想法。这需要他们克服内在的消极、傲慢或者害怕冲突的倾向。参加沟通技巧的培训是一种最直接有效的方法，可以快速提高他们的自信心和表达能力。

同时，自己内心的傲慢永远是自我成长过程中更大的问题，他们需要学会倾听他人的意见，即使这些意见在他们看来是那么浅显。他们可以通过积极倾听的练习来提高自己的倾听技巧，比如重复对方的观点以确保理解正确。这不仅是对他人的尊重，也是获取新信息和不同视角的机会。

当冲突出现时，他们可以运用积极的沟通策略来解决矛盾，其中包括识别冲突的根源、探索双赢的解决方案，并保持开放和诚实的沟通态度。对于INFJ而言，理解别人的深层动机似乎是轻而易举的事情，困难的点在于如何积极地看待矛盾，这才是他们需要自我觉察的重点。一旦调整了看待问题的视角，他们可以最大限度地避免不必要的矛盾冲突。

3.培养领导力与个人影响力

INFJ的洞察力和同理心是一种强大的领导优势，利用这些优势可以激励和指导团队成员，帮助他们实现个人和团队的目标。尽管INFJ可能倾向于避免直接的权力和控制，对于细节的实施落地也是他们不感兴趣和容易忽略的地方，但他们仍然可以通过发挥影响力来间接地实现自己的愿景。

为了达到这一目标，他们可以有意地建立和维护一个支持性的网络，多参加专业团体和活动，与同事、导师和其他专业人士建立情感联系。这样的网络不仅可以为他们提供资源和支持，也可以为他们提供扩大影响力的机会。INFJ要将这种人际交往活动视作一种锻炼，而不是反过来被关系束缚。

最重要的是，INFJ有机会在集体关系的建立过程中激发出强大的博爱精神。当他们真正地在与集体的联结之中找到幸福感和价值感时，巨大的精神力量将会引领他们展现出熠熠生辉的一面，吸引众人主动追随他们的脚步，积极地实现共同的理想。

· “洞见型”的中长期职场画像

“洞见型”的职场成长过程，是在**“构建清晰蓝图”**和**“切实落地执行”**的矛盾中进行的。他们拥有高度的自我突破欲望和不折不挠的意志力，但往往并不愿意面对现实细节，在持续地开疆拓土方面会有内心的阻碍。在一个符合自身价值观且前景良好的企业或组织中，担任“二把手”是他们比较理想的状态——除非所在的组织遭遇重大危机，他们可能会突然挺身而出，试图拯救集体于水火，扛起领导者的大旗。

在最佳的状态下，他们是发现深层次内在联系和把控宏观趋势的大师，能够看到非常长远和深入的价值与意义。“洞见型”能够突破当下问题的表象，形成独到、深刻、一针见血的战略远见，并且以高度的组织性和计划性，将内心看到的图景转化成切实可行的行动方针，将看似难以实现的构想和愿景一步步地带到现实世界中。

这个过程并非一蹴而就，作为长期目标和终身学习的范畴更加适宜。为了达到这个长远的目标，“洞见型”可以在以下方面有意识地积累经验和培养能力：

- 细节观察意识
- 经验积累意识
- 环境感知意识
- 主持与控场的技巧
- 动态信息收集技巧
- 肢体语言表达技巧

在这个积累和学习的过程中切记：

展望未来的同时，也要活在当下。

第七章

进取型的“果断”与“苛刻”

· 导言

↓ 主要性格特点	↓ 主要内心冲突
· 快速地分析与坚决地推进	· 容易物化自己和他人
· 重视制度之下的公平公正	· 容易对别人失去信任
· 自主建立规则与标准	· 容易感受到自我迷失
· 资源和效能意识强烈	
· 重视能力和权力	
· 享受个人成就感	

ENTJ和ESTJ在荣格的术语里统称为**“外倾思维型”**，为了照顾大多数读者，本书采用**“进取型”**进行替代。

对于“进取型”而言，**“建立秩序”**和**“高效运转”**是最重要的内心需求，他们对于结构非常敏锐，认为资源应该按更好的规则、制度和系统进行合理分配。这通常会转变成工作和生活中对于秩序和效益的追求，因此显得他们十分有进取心。如果他们所从事的工作可以让他们获得个人能力上的高度肯定，并且带动起组织内部整体效能的提升，他们将产生无穷无尽的驱动力。

他们遇到的阻碍通常是**“个人情感”**和**“深入联结”**，原因是他们潜意识里认为个人情感应该服从于理性的规则，个人价值应该符合社会价值。他们对于“人”作为一个真实个体而必然会产生混乱、无序、感性和脆弱是感到恐惧的，希望能以强而有力的标准和规则作为克服人性弱点的依据与手段，实现规则之下的公平公正。这导致他们容易显得比较刚硬和狠心——无论是对自己还是对别人。

然而另一方面，他们依然拥有作为一个真实的“人”所必然会产生的情感诉求，除了能力上需要外界的肯定，他们内心深处更渴望获得外人的理解和信任，也希望自己能对别人交付真心，只不过直面自己的情感诉求，可能会令他们感到不安甚至是恐惧。对于他们来说，“人心”似乎是最不可控的，他们需要找到探索和组织自己内部秩序的方法，理解非理性的重要性。

进取型的基本特征

倾向于以非个人化的客观标准来衡量一切，追求不断地进步和创造新的价值，容易显得冷酷刚硬，在面对非理性和个人情感方面存在挑战，包括面对他们自己的个人情感。

· 典型情境

Tracy | 产品经理 | 两年工作经验

当Tracy被任命为项目主管时，不少同事都大跌眼镜，虽然她的表现确实很出色，但她真的有点太年轻了，令人怀疑她是不是真的有能力独当一面。但Tracy自己一点都不觉得意外，她在进入公司后不久，就已经看清了整个公司的运作模式，知道自己的职场之路应该怎么走。

只要定下目标，她就可以排除万难，在面对挑战时，她觉得自己从不怯懦——或者说，她认为自己不该感到怯懦，因此她一直呈现出信心满满和充满魄力的姿态。即便她之前还只是个基层员工，但共事的组员们总是很自然地形成配合她的局面，因为她总能果断地分析出问题所在，并且带头找到解决办法。正因如此，她认为自己受到提拔不足为奇。

现在她拥有了一定的权力，对她来说是大展身手的开始。随着第一个项目的开展，她很快发现自己的团队存在人员配置上的问题。在她看来，她分配到的组员大多数能力不达标，而且存在责任心不强的情况——在工作时间心思都没完全放在工作上，整天不是偷偷刷手机，就是占用工作时间闲聊。

“市场竞争如此激烈，这样的团队怎么作战？提高战斗力要从改变工作态度开始！”

她开始制定一套属于自己团队的管理制度：每周一早上八点半开小组工作会议，不允许迟到；每天做工作记录，下班时提交；每周五下班前开小组工作总结会议，每个人都必须发言……她相信通过这样的制度，一段时间后大家就能进入高效运转的状态。让大家都紧张起来，是打造狼性团队的第一步，而她自己就是那只“领头狼”。对她来说，遵守这些制度并不难，她自己可以轻松做到，其他人只要习惯了也能做得到，做不到的只能说明那些人不适合市场竞争，自然应该被市场淘汰。

有的组员对此表示强烈的抗议，有的组员默不作声，整个团队陷入了一种压抑的氛围。但Tracy相信，她自己是在做正确的事情，最终大家都会信服她、肯定她，时间会证明一切。

到了绩效考核的时候，Tracy带领的团队确实整体业绩有所提升，事实似乎在向她证明：我的方法果然是对的！她不断地获得公司的肯定，似乎前途一片光明。但当她回到团队当中，她发现没有人可以与自己分享喜悦，除了工作时必要的交流，其他人似乎都不愿意和她有过多的互动。

“时间会证明一切的。”Tracy告诉自己。她知道自己不能停下来，团队不能停下来，一旦松懈下来导致业绩下滑，就意味着前功尽弃。但她不知道要到什么时候，大家才能真正地理解她，日常的办公环境让她感觉越来越孤独。

· 核心问题

在职场中，不得不承认有一些人就是有领导和管理天赋的，他们能迅速地理解制度存在的合理性，把握住职场的核心目标，以创造效益和解决问题为导向，果断地作出决策和行动，不被个人的感受牵绊。

这种天赋在社会经济价值层面自然是可以获得赞誉的，因为高度契合企业运作的需求，所以他们很容易快速地在组织中晋升到管理者的位置。伴随着地位的跃升，随之而来的就是和普通员工情感上的割裂。当他们的想法和企业运作的模式越贴合，他们就越容易站在基层员工的对立面。

他们并不觉得自己冷酷无情，对他们来说，在职场上谈感情是极其不成熟的表现。那些慵懒的、懈怠的、情绪化的“人性弱点”，对他们来说应该被改造且可以被改造，改造完之后大家就成了“更好的人”。他们自己就是通过理性来克服人性的弱点，并且获得了社会的认可和回报，事实就是铁证，自己就是个中榜样。

但他们很容易忽略的一点是，并不是所有人都和他们有一样的价值观。很多人并不觉得自己应该成为“更好的人”，“更好的人”也不应以事业成就作为唯一衡量标准。大多数人可能只是想要在工作和生活之间获得平衡，甚至可以说，大多数人只是将工作当成养家糊口的方式罢了，“自我实现”并不需要通过事业成就来达成。

他们比较难意识到自己和其他员工的根本差异，其实并不在于思想觉悟的高低，而是在于价值观的不同。

“功成名就”似乎是非常主流且正确的价值观，也被他们高度认可，围绕这个价值观就应该克服人性的弱点，放弃不重要的事物。但从人性的角度来看，更多的人可能只是被生存焦虑驱使，被迫加入追逐事业成就的道路，而不是真正地渴望功成名就本身，这与他们的价值观存在着本质的区别。

他们自己适用的观点和方法其实不能如法炮制到其他人身上，如果不能站在其他人的角度思考问题，一味坚持自己的做法，得到的自然是别人情感上的疏离和对抗。

他们并不是真正的工作机器，外人的情感反馈会不自觉地影响到他们的情绪和信念感，令他们不断地产生自我怀疑，同时造成人际关系上的紧张。他们需要在**“理性”**和**“情感”**之间找到平衡。

所有的职场年轻人都可能会有这样的心理和阶段，但在人格类型学里，ENTJ和ESTJ这两个类型最容易深陷在这样的境遇里，并在很长一段时期内都找不到突破口。

·“进取型”的心理摩擦力

1.难以尊重上进心不强的人

他们普遍拥有比较强的上进心，可以比其他人更容易看到社会资源分配结构和组织运作模式，当他们的眼界逐渐开阔，就会开始有计划和有步骤地朝着更高的阶层进军。这可能会导致他们的想法和大多数同龄人脱节，当其他职场新人还在适应职场环境、吐槽企业制度不合理、把注意力都集中在一些小事上的时候，他们相信自己已经比别人看远了一步。因为相信“优胜劣汰”，他们容易将其他人为了维持生活平衡而作出的努力视作不求上进和贪图安逸。有时候他们会难掩鄙夷神色，并且被其他人察觉。

2.对能力较弱的人缺乏耐心

他们通常会努力令自己的综合业务能力达到组织内的顶尖，这不一定是他们天赋异禀，也可能是后天投入过人努力的结果。由于他们在人生早期就认识到自己强烈的成就动机，对于如何提高自己的市场竞争力有明确的自驱力，所以他们会愿意为自我投资作出努力，并自然地积累出过人的能力。

他们可能会因此难以理解能力不如他们的人“为什么提升速度会那么慢”，并对这些人轻易地下判断：要么是天生蠢笨无可救药，要么是后天懈怠行为懒惰。无论是哪种情况，他们都很难对弱者抱有同理心。他们是可以正直、仗义地保护“社会地位上的弱者”的，但很难宽容地看待他们所认为的“能力上的弱者”，这可能会给他们带来人际关系上的紧张和孤立。

3.对情绪的管理失控

他们比较容易习得组织和管理事务的能力，但“情绪管理”是他们普遍的弱项，这既包括对他人情绪的管理，也包括对自己情绪的管理。他们认为工作是不该带着任何情绪的，倾向于在工作环境中彻底忽略自己的情绪。一方面，这种“忽略”表现为绝对的目标导向、绝对的事务导向，将自己视作推进事务发展的齿轮，而不是作为一个“人”而存在。他们会将这样的要求同样施加到其他人身上，认为所有人面对工作都不应该带有情绪，而是应该服从于事情正确运转的有效性原则。

另一方面，这种对情绪的忽略表现为一种失控现象。在听到反对和质疑的声音时，他们倾向于丝毫不控制自己的对抗情绪，难以在当下就立马觉察自己的愤怒，而是将其合理化为推进事务的必要手段。同时，他们对别人不满的情绪却十分敏锐，并倾向于“镇压”其他人的情绪，而不是“理解”和“疏导”。他们将情绪视作应该处理掉的“毒瘤”，而不是与情绪和平共处，这最终会导致情绪问题的反噬——可能是其他人对他们的怨恨，也可能是他们对自己的怨恨。

4.拒绝面对自己的弱点

他们往往拥有高度的自尊心，尽管他们也知道自己现阶段并非无所不能，但通常会往无所不能的方向进行努力，试图在实践中证明自己的能力。然而现实并不总是那么美好，“无往不利”

只是一种理想状态，当他们遇到挫折的时候，第一时间可能会倾向于向外归因，而不是查找自己的问题。

当他们被指出需要自我反省的时候，可能会遭受到极大的打击。虽然所有人被指出错误的时候都会感到不开心，但对于这类新人而言，情况可能会特别严重：他们要么可能会更过度地向外归因，认为自己完全没有问题，拒绝承认错误，要么可能会陷入极其痛苦的反思和自我怀疑。

5.害怕自己碌碌无为

拥有强烈的上进心和高度的自尊心，重视业务能力，这类职场新人看起来似乎前途光明，但获得过人的成绩却不是单靠个人的素质和努力就能达到的。他们在初入职场时可能是雄心勃勃的，但随着对职场的逐步了解，可能会感受到理想与现实的巨大落差。如果他们能受到赏识和重用，在繁忙的事务中他们可能会一直保持雄心壮志；但如果他们不被欣赏，或者所处的平台并不能承载他们的野心，他们可能会陷入迷茫和恐慌，急于寻求未来的出路。

6.感觉自己孤立无援

他们内心的自我认同通常是“强者”，虽然他们在组织、动员、管控人手上拥有非常自然的驱动力，但却很难对其他人抱有充足的信任。他们相信自己具有社会价值，认为自己是“有用”的人、“有能力”的人，然而他们对脱离社会评价标准的个人价值的认识却是模糊的。当他们作为朋友、恋人、家人的时候，可以很清楚地知道：自己可以为别人解决什么样的问题，怎样为别人提供帮助。但是对于情感联结的建立和维系，他们却十分笨拙。

他们很难坦然地面对自己的脆弱和无助，尤其是在工作环境中。在日常的工作中，他们通常扮演的是“扛大旗”的角色，或是高效的问题解决者，当他们遇到棘手的问题时，可能会不愿意让其他人帮助自己，包括向上司寻求帮助和支持。一方面，他们可能会因为无法融入同龄的同事群体而感到孤独；另一方面，他们可能会不想让上司觉得自己无能，选择自己面对困境，从而产生孤立无援的心理感受。

·“进取型”的心理调适策略

要更好地克服心理摩擦力，首先要做到一些“意识”上的转变，才能更顺利地进入到行动层面。进取型新人及其他重视效能的职场新人，可以参考以下的观点，尝试转变看问题的角度。

1.追求事业成功的人可能只是极少数

进取意识强烈的人容易有一种朴素的假设：一个人不努力进取，只是因为没有看清社会现实；没有把事情做好，只是因为没有找对努力的方向。但现实的情况是，绝大多数人并没有把事业成功放在那么高的位置，他们内心深处想要保持的只是“内心的和谐”。

从某种意义上来说，进取意识强烈的人也不过是要保持自己内心的和谐而已，只是他们的内心和谐离不开事业上的成功和能力上的认可，“个人能力如何创造社会价值”是他们的重要动力和深层需要，他们的人生一直都在往这个方向走。

但是对于其他人来说，保持内心和谐的方式各不相同。有的人终生需要的就仅仅是安全稳定，而安全稳定并不完全建立在事业成功的基础上，还包括家庭成员之间的相互协调和支持，因此他们可能就不会投入过多精力到事业上，而只是把工作当成养家糊口的任务；有的人终生需要的是和亲朋好友开开心心地聚在一起，幸福感的来源就在于挖掘和维系人世间美好的感情，为了守护这些感情可以舍弃工作和事业，觉得当全职主妇或者全职主夫都很有价值感；还有的人终生需要的是更深入地理解这个世界底层的运作规律，知识的积累和精神的富足就能让他们保持内心和谐……

总而言之，事业成功对一些人来说并不是首要的，甚至可能丝毫不重要。这些人未必能看清社会的结构和财富的流动，但他们未必看不清自己真正想要的是什么。说到底，这些人想要得到的是“持久的幸福”，进取意识强烈的人可能会认为：持久的幸福是基于符合社会运作的规律，不断地创造社会价值并获得物质上的回馈，获得更高的社会地位，进而获得对人生更高的话语权，“掌控人生”是“持久幸福”的关键。

但对其他人来说，持久的幸福可能就体现在积累当下每一个瞬间的幸福感：工作的时候开心，和亲朋好友相处的时候也开心……大家对于“持久幸福”的定义不一样，努力的方向也不一样，方法论更是各不相同，这种差异性造就了社会观念的多元化，令整个世界不是仅仅围绕着看似最合理的社会分工而展开，而是不断地在矛盾和动态中发展与变化。大到社会进步，小到组织变革，都无法避免不同的个人需求和当下既定结构之间的摩擦。

当然不排除这些人有看不清社会现实的部分，大家都可能在适应社会的过程中有诸多的困惑，被物质的欲望和缺乏安全感的恐惧裹挟，做出愚蠢的行为和决定；而进取意识强烈的人往往在这方面有更高的敏锐度，这也容易令他们产生一种傲慢和错觉：我才是对的，按我说的去做就对了。

或许从适应社会的层面以及解决现有条件下的实际问题层面来看，进取意识强烈的人确实更有可能是正确的。但正如前面所说的，别人真正想要的，可能根本就不是事业成功和财富地位，即便他们本人未必能用语言说清楚。对于“进取型”而言，最容易忽视的就是具体个人的情感诉求，以及不依托社会价值的个人精神价值——例如对纯粹的真、善、美的重视和信赖，以及尊重“每个人都是独一无二的”这种观点本身。

进取意识强烈的人需要清楚地认识到这一点：自己看有的人不顺眼，可能并不是因为他们的思想觉悟低或是能力跟不上，而是在本质需求和人生动力上就是每个人都不一样，无论我们能不能感同身受。将看问题的角度从“高低”的区别转换成“不同”的区别，就可以减少很多自身感受上的不和谐，更好地避免可能出现的人际关系冲突。

2.人不可以“榨干自己”

进取意识强烈的人对自己是极度苛刻的，但往往自己意识不到。随着职场压力的累积，他们可能会越发觉得“时间是最宝贵的资源之一”，于是将日程排得没有呼吸的空间，希望把一份时间当成两份来使用。例如将通勤的时间用来做工作交流，整理房间的同时听音频课，生病在家无法工作的时候看知识论坛……他们希望每一分每一秒都是有价值的，不能有任何浪费，一旦自己有所放松，就产生出深刻的愧疚感，觉得对自己的人生不负责。他们甚至连社交都要带有效能属性，希望所有的朋友都是高质量的，所有的交谈都能产生实际的价值，没法接受一点无意义的闲聊。

正是因为这份“狠劲”，他们可能确实会走得比别人更快。当他们靠着非凡的努力进入到一个围绕“狠劲”而聚集起来的圈层时，他们对这个世界的全面评估可能会受影响。这是不需要什么心理学和社会学知识就能理解的，在一条狭窄的通道上，越往上走，每到一个平台再往下看，下面的人就越小得像蚂蚁，此时他们就越无法对普罗大众的痛苦产生共情，他们能共情的就只是那帮和自己一样靠狠劲挤上来的极少数人。

这种“狠劲”会带来两方面的副作用。第一个方面是他们可能会想当然地觉得别人应该要像自己一样，进而将极度严苛的高标准加诸周围人的身上。

他们自己可能意识不到，在别人眼里他们已经是“超人”了，而绝大多数人可能并不想当“超人”，也无法成为“超人”。他们在资源配置和效率管理方面是有天赋的，不但有天赋，还具有强烈的自驱力。这不是靠努力就可以做到的，要做到像他们一样的成绩，天赋、动力和努力缺一不可。当然，还有两大原因是运气和原生家庭条件，但这两者更加不受主观因素控制。

这涉及他们的做法和观点究竟拥有多少普适性的问题。他们认为理所当然的观点，代表的究竟是正确的价值，还是实际上只是一种个人主张？想清楚这个问题，将有利于他们以更加客观的视角处理矛盾冲突。

类型学上不同的人格类型有不同的弱点。对于进取型的人而言，普遍存在的情况是：情绪上的巨大崩溃和深入骨髓的孤独感。进取型的人可能会觉得自己力量足够强大，不需要讨好任何人，也不需要依赖任何人，但理论指出这种想法背后的声音其实是：我想得到别人对自己无条件的爱护和信任。

进取型的人可能会认为自己完全没有这方面的诉求，但真相可能是所有正常人都会有这样的诉求。他们越觉得没有，越证明了他们只是在潜意识里压抑了这方面的诉求而已，而压抑诉求的结果就是这种情绪诉求会在自己意想不到的地方爆发，其中一个例子就是：事业有成的人被一些明显匹配不上自己身份地位的人操纵情感，所有人都能看出他们身边有的人是谄媚之徒，但他们却坚信自己的选择和判断。这样的事情在历史的长河中屡见不鲜。

只有更早地承认自己并不是无所不能，承认自己的脆弱，承认自己也是一般人，才能更好地看清更广阔和全面的人性，从人性中找到更多积极的价值，才不至于陷入情感的漩涡。进取型的人不要担心暴露自己的情感会令自己丧失进取的动力，因为情感是自身重要的构成部分之一。适时停下脚步，面对自己作为一个“人”的真情实感，只是让自己变得更加平衡和完整。

第二个方面的副作用在于对自己的伤害。永动机是不存在的，况且人并不是机器，会有生理上的极限和情感上的诉求，被忽略的部分最终会以意想不到的方式爆发出来。把自己安排得过于高效，其缺失的部分显而易见：没有得到足够的精神放松。

这种精神上的高度紧绷，有可能会被“我在不断成长”的心理激励掩盖过去，但身体不会骗人，进取型的人都不是真正意义上的“超人”。他们的身心既需要磨砺，也需要休息，仅靠睡眠是不足以满足休息的需求的。更糟糕的情况是因为焦虑而失眠，那他们就更失去了恢复身心平衡的机会。

“物极必反”既是中国古人的智慧，也是荣格分析心理学的一大核心。对于天生缺乏事业心和行动力不足的人，可以鼓励他们适当地激发进取的动力，但是进取意识本来就很强烈的人，应该注意的是放缓脚步，花点时间关心和照顾自己的精神世界。

“优胜劣汰，强者生存，我希望自己就是生活中的强者。有的人可能会认为我很强势和功利，但我真正希望的是：所有人都能得到公平公正的对待。我能看到美好未来的蓝图，我需要志同道合的伙伴。如果我遭到误解，我会用真正的成功来证明这一切。”

· ENTJ | 高瞻远瞩的领航人

核心动力

管控推进

辅助潜能

深远觉察

摇摆区间

即时反应

长期课题

贯彻信念

在所有的人格类型中，ENTJ被认为是天生最具有**领导潜力**的类型，通常也是进取心最强烈的类型，获得个人能力的肯定对他们来说十分重要。只要成长环境中存在机会，他们就会敏锐地嗅到并快速地抓住，通过资源调配和制定战略路线，沿着明确的大方向进军，并且能灵活应对现实变化，不遗余力地达成目标。

他们可以比较轻松地读懂字里行间的隐喻和内涵，理解艰深晦涩的概念，形成自己深入独到的见解。对于大局和趋势他们会有一种内心的确定感，相信自己的洞见并且展现出十足的自信心，给人以无所不知、无所不能的精神感召，令其他人信服于他们的洞察和决断。

他们几乎从不掩饰自己的野心勃勃，他们的人生轨迹就像在不断地扩张版图和攀越高峰。他们不排斥竞争，甚至享受竞争的环境，在有挑战性的环境里能激发起他们更大的驱动力，这可能会被大多数打工人视作具有强烈的攻击性，遭遇很多人的不理解。

如果有一个可以让他们施展手脚的平台，他们往往会从人群之中脱颖而出，迅速地晋升至领导者的位置，风风火火地组建团队、带领团队，确定远大的目标，制定错综复杂但条理清晰的战略和计划，试图创造辉煌的业绩。

但如果所在的平台过于狭小，或者成长的环境没有办法支持他们施展抱负，他们就会陷入极度严重的抑郁情绪，甚至选择暂时退出人群的视线，令自己处于“蛰伏”的状态。但他们无时无刻不在准备着做出一番事业，并为此投入惊人的努力。

他们中的很多人从小就因为过人的领导天赋而担任起小组长、学生会干部等角色，同时对政治、经济、商业、文化等领域有深入学习和探索的兴趣。因此，他们在刚踏入社会时就已经拥有同龄人所不具备的宏观战略思维，在企业中他们往往是最能理解领导乃至老板意图的人。

如果企业整体处在健康发展的轨道，那么高层领导所宣扬的战略理念最有可能得到他们发自内心的认同。他们会非常钦佩有能力的领导，并且与领导产生共鸣，而更少地和自己的同辈产生共鸣。

在众多知名人士里，ENTJ通常因为其超强的战略才能和过人的成就而闻名，然而并不是所有的ENTJ都有机会晋升到高位，更多的ENTJ只是在拼搏的道路之上承受着不为人知的痛苦和压力。

当他们还是职场新人时，可能很难理解一些极其普遍的现象：

“为什么有人会对工作那么不上心？”

“为什么别人总是在犯低级错误？”

“为什么能为了无关紧要的小事就理直气壮地拒绝加班？”

他们最终可能会将这些归结为大多数人都太不负责任了：**不是对这份工作不负责任，而是对自己的人生不负责任。**

“没有长远的规划和坚持不懈的努力，怎么能获得未来的人生幸福呢？”

如果他们有足够的职权，他们会希望建立一个能令资源有效分配的框架系统，并且加入竞争机制，从制度上对其中的人进行奖励和淘汰——他们自己也会以身作则地参与进去。

他们不倾向于同情弱者，但那并不是出于损人利己的阴险目的，而是他们很自然地追求一种“**制度化的公平公正**”。他们认为“弱者”就需要经过社会的历练，“弱者”就是没想明白自己的人生目标，如果“弱者”之前的成长环境没有给到足够的教训，那他们不介意充当这个恶人的角色。但要是“弱者”始终“屡教不改”，那他们也应该得到公正的回报——削减他们所占用的社会资源。

尽管并非出于恶意，但ENTJ通常意识不到自己的思维模式才是这个社会的极少数。对于大多数人来说，他们的标准定得过于没有人性了——他们以极其严苛的标准要求自己，并且适应了这套标准，他们希望身边的人都能按这套标准来做到至少合格。然而他们定义的“合格”，对很多人来说还是难以达到的超高要求。

对于他们无法要求到的那部分人，他们也很难隐藏鄙夷之色，这令他们无意之中树立了非常多潜在的反对者（甚至是敌人），以致在具体的项目推进中受到极大的阻碍。这反过来又令ENTJ觉得其他人更不值得信任，从而陷入长期的猜疑，令他们时常感受到一种“腹背受敌”的紧张感。

他们在**“如何实现目标”“如何推动计划”“如何建立系统”**等工作方面的思考可能极其复杂，但在情感方面却略显天真，很少对别人付诸情感上的信任——不是因为他们天性冷峻，而是因为那是他们最容易失控的领域。他们内心有异常柔软的地方，但在人生早期通常不希望被任何人触及，包括他们自己。

正因如此，他们非常珍视少数和他们有深度情感联结的人，但也对这些人的情感反馈极度敏感。由于他们日常倾向于表露出强硬的态度，可能会不自觉地抑制住别人真实的表达，换句话说，身边的一些人可能会害怕他们，但他们接收不到这方面的反馈。当有朝一日矛盾冲突被摆上了台面，他们很容易受到重创，“被背叛”的感觉令他们刻骨铭心。

遭受到误解和排挤对于任何人来说都是痛苦的经历，然而他们可能并不会直接承认自己的脆弱，而是努力令自己不断变得更强大，掌握更多的资源和权力。只是有的时候，他们会突然感到非常孤独和痛苦。尤其是在某次工作任务没有顺利达到预期结果的时候，他们可能会将一时的挫折当成他们整个人的失败。对他们来说，尽管自己满腔赤诚，但却很难脱离世俗成就的一般标准来对“人”进行客观评价，特别是他们对自己的要求还极其严厉。

当他们开始越来越诚实地面对完整的自己——作为一个有血有肉、有笑有泪的“人”的自己，和自己形成真正的联结，他们的人生将会开启完全不一样的篇章，他们将会找到自己人生早期完全意想不到的、更加深刻的人生意义。

· 对ENTJ职场新人的发展建议

1.通过自我觉察优化决策质量

ENTJ习惯根据外界发生的事实来快速形成自己对当下局势的判断，进而转换成解决问题的策略和步骤。这个过程非常迅速，个人会被一下子强制安排到逻辑上的最合理位置。由于他们对于这种思考方式过于熟悉，决策的过程几乎是自动化的，以至于他们可能会一直发现不了自己的判断对自己和他人产生了什么负面影响，直到冲突白热化，人的问题变成了阻碍事务推进的绊脚石。

“自我觉察”是指人们对自己的内在思想、情感、动机和行为进行深入理解。对于ENTJ来说，提升自我觉察力意味着更加清晰地认识自己的优点和不足，从而更好地调整自己的行为和决策。当ENTJ对自己的了解越来越充分，他们遇到问题时的“自动化决策”就能更符合全局的利益，照顾到更多人的需求，减少冲突和误解。

“正念冥想”是一种提高自我觉察力的有效方法，市面上有非常多正念冥想的课程和视频，可以选择信誉度高的产品来进行初步的学习和尝试。每天花一点时间，哪怕只有几分钟，选择一个安静的环境彻底放松，专注于自己的呼吸，观察自己的思绪流动，不要强行否认和阻止自己内心的声音。这期间可能会暴露自己压抑的恐惧和脆弱，接纳它们的存在，只有接纳了自己的不足，才能更好地理解别人的不足，通过提高对自己的宽容程度，提高对别人的宽容程度。

如果通过冥想产生了非常多自己未曾察觉，暂时又无法理解的想法，可以寻找信任的亲友进行沟通交流，通过别人的视角来解释自己的行为模式和思考方式，帮助自己更深入地理解内在动机和情感。经过一段时间的训练和交流，他们的处事方式就会变得越来越人性化。

2.耐心倾听别人真实的诉求

ENTJ通常具有强大的自信和决策力，有时会导致他们在沟通时显得过于直接，甚至有些咄咄逼人，他们可能会察觉不到自己无意间给别人造成了巨大的压力。如果他们对于自己是否给别人造成了不良感受存在疑惑，那么先做好心理建设，然后以开放的心态询问自己信任的亲友与同事，并告诉自己：无论答案是什么，自己都先吸收接纳，这是一个信息采集的过程，而不是下判断的过程。如果确实有不少人反馈存在沟通问题，他们可以选择学习一些倾听和表达的技巧。

首先，区分清楚沟通者的诉求：

· 对方需要的是我提供强有力的建议吗？

· 还是隐藏了情感方面的诉求？

并不是所有人都认为解决实际问题才是最重要的，通过解决问题来避免情绪问题只是ENTJ的常用方式，那是“情感”在ENTJ心中的价值排序里过低导致的。但在很多人心中，“情感”在价值排序里占非常高的位置，他们没有办法不去优先面对情感问题（包括情绪处理）。

如果ENTJ对这种情况有所察觉，可以提醒自己：先把注意力放在对方身上，认真倾听对方的讲述，适时地询问对方的感受，而不是急于表达自己的“判断”。

通过倾听，ENTJ可以更好地理解他人的立场和情感，从而为接下来的沟通打下良好的基础。简而言之：

先讲情，再讲理。

其次，学会在表达自己的观点和想法时保持尊重，避免将自己的想法强加给他人。检查自己的语言习惯，会不会经常采用“应该”的句式，最常见的就是：

你应该怎么做。

相似的词语还有“一定”“必须”等，这些过于绝对的词语用在人的身上时，会造成他人本能的排斥。当试图让别人接纳自己的想法和建议时，可以尝试在用词上进行调整，例如采用这样的句式：

- 我个人认为，这件事应该……
- 你可以……

将比较刚硬的词语用在对事情的判断上，并且把处理问题的自主权交给当事人，再询问别人最终的决定。

用词上的柔化可以有效地减少摩擦，但这也需要他们能评估好当下的形势：这时候是否更需要采取强硬的手段？在事态紧急的情况下，刚硬的用词确实有利于事务的推进；而在宽松的环境里，柔化的用词则更有利于长期关系的建立和维护。

3.增强对愿景和想法的解释能力

ENTJ通常具有敏锐的洞察力和丰富的知识储备，但有时可能会表达得不够清晰——他们的视野过于宏观了，容易导致他人误解他们的意图和想法。为了确保团队成员能够理解和支持他们的决策，他们通常需要增强解释能力，这意味着他们不仅要清晰地表达自己的想法，还要能够解释清楚决策背后的逻辑和原因。

要注意使用简单明了的语言。由于非常多的ENTJ都有深入钻研和学习的习惯，用词可能会显得过于专业化和抽象化，诸如“底层逻辑”“上层设计”“支点”“杠杆”等。这样的用词或许有利于树立权威的形象，但可能会让一部分人感到云里雾里，产生排斥的情绪，认为他们说的全是假大空。

ENTJ可以有意识地判断沟通现场整体人员的语言习惯，避免在不恰当的场合使用过于专业或晦涩的词，更多地采用通俗易懂的语言来阐述自己的观点。

同时，ENTJ应注意给予他人足够的时间和空间来理解与消化自己的观点，鼓励团队成员对不理解的地方提出疑问，允许他人不当场作出回应，避免过于急躁冲动地要求别人给出确定的结果，确保所有人都在平等的沟通频道上。

"能力和秩序都相当重要，我的工作和生活必须井井有条，但这不意味着应该慢下来。我钦佩那些真正有能力的人，当我有足够的能力，我会尽可能去照顾弱者。我真的不冷酷，会为别人能够独当一面而感到开心，只是有时我会很害怕丧失社会价值。"

· ESTJ | 杀伐决断的掌控者

核心动力

管控推进

辅助潜能

梳理沉淀

摇摆区间

探索突破

长期课题

贯彻信念

ESTJ个性爽朗，说话直接，通常拥有较高的社会性。他们和ENTJ一样拥有超强的效能意识和坚决果断的品质，从决策到行动都非常迅速，无论是他们个人的执行力，还是组织协调的能力，都容易显得特别突出。和ENTJ不一样的是，ESTJ更倾向于以一种高度的**现实主义**和**实用主义**态度来思考问题，而不是以未来蓝图和潜在机遇为导向。

他们比较容易成为最符合社会期望的那群人——主动、实在、果断、有条理，因此也容易受到企业的重用。从绝对人数的统计来看，他们之中担当**领导/管理者**角色的人数远远超过其他人格类型。

他们通常喜欢和其他人相处且合作，同时也希望每一个人都能尽到自己应尽的责任。他们是相当勤奋、自律和负责任的，也希望自己身边的人能一样做到。

对于那些做不到的人，他们内心容易产生鄙视，尤其是那些在他们眼里不负责任的行为，他们容易直接公开进行强烈的谴责。他们可能会意识不到旁观者也会感受到被谴责的压力，即便ESTJ所指责的对象另有其人。

在大多数人眼里，ESTJ是非常仗义的朋友和可靠的同事，没有弯来绕去的花花肠子；在同龄人的小圈子里，他们比较容易成为明面上的“大佬”。然而这种直率的性格也可能会令一些人低估了他们在设计管理体系上的潜能，认为形容他们只有一个字：莽。

当他们还是职场新人的时候，有时他们确实显得过于莽撞了。如果他们的领导富有远见，可能会将其视为具有**“勇敢”**的品质；但如果他们领导的风格比较保守谨慎，那么就可能会认为他们过于粗线条，给组织带来了危险。

无论是哪一种领导，都可能会忽略他们**“粗中有细”**的特点。随着经验的积累，大多数ESTJ都会形成自己独有的经验体系，能在合适的时机快速地调取有效的数据。他们是相当懂得经验沉淀的人，但很多人会被他们粗放的外在作风误导。

ESTJ非常有潜力成为优秀的管理者。他们日常就习惯制订计划和遵循计划安排，保持自律的生活习惯。到他们担任经理职级以上角色的时候，他们往往能设计出简洁实用的效能优化系统，以自动化的流程和管理解决掉大多数日常事务，令工作和组织都能高效有序地运转——他们**擅长复制过往成功的经验**。同时，他们拥有极强的魄力，在面对突发情况时能从容地面对，表现出高度的抗压能力和超强的心理素质，是解决实际问题的能手。

有一种刻板印象是这类人都是强势且死板的，似乎工作和生活都被框死在他们设定的章程制度之内——这是一种严重的误读。他们在放松的时候非常乐意接受新尝试，有强烈的探索欲和开拓欲，对新事物有好奇心。在私人生活状态下，他们可以是非常有趣、幽默和充满弹性的。只是一旦进入工作状态，这种开放的态度就突然变得相当有门槛。虽然他们内心愿意看到并包容多样性的存在，但前提是一定得尽快拿到切实可见的结果，而不是将希望放在遥不可及的可能性上。

他们可能会对提出宏图愿景或者战略远见的人展开公开的质疑，一盆冷水浇熄别人的热情。如果对方是平级的同事，这可能会直接引发矛盾和争吵；如果对方是领导或客户，他们则可能直接被视为短视和不礼貌。

无论对象是谁，其他人都可能会觉得他们过于封闭和武断，然而他们实际的态度有时候只是“存疑”，不是真正的拒绝，只是在表达风格上给人造成了武断的印象。这种时不时产生的对抗，可能会令ESTJ在工作中感到不愉快。

尽管他们的风格是相当务实的，但他们和ENTJ一样对具体事务的效率要求非常高，很容易对身边人的低效行为感到不耐烦，这种厌恶和鄙夷通常也是隐藏不住的。在有压力的状态下，他们容易表现得非常急躁，甚至是暴躁，这在一定程度上会给他们造成人际关系的紧张。过于强势的作风可能会抑制身边人的表达、发挥和成长，令他们很长一段时间都搞不清楚：为什么自己身边充满了无能和对自己非常依赖的人？

整体而言，他们并不认为自己是苛刻的人，但对于“速度”

的追求，依然容易在无意中伤害到别人的感情。事后他们可能会感到愧疚和后悔，但更常见的情况是，他们会将自己的这种情绪合理化：

“如果他们没意识到自己的问题，是注定会被社会淘汰的。这不能怪我，他们必须学会自己坚强起来！”

然而他们始终是一群重视社群关系的人，这种自我说服可能会造成他们长期对情绪的逃避和压抑，但是他们自己察觉不到。情绪问题是他们要面对的一大难题。

他们的个人成长离不开工作与生活经验的条理化和秩序化，这令他们顺理成章地成长为社会所期许的“大人”，但随之而来的是一定程度的僵化，令他们的内心世界和实际生活都不自觉地陷入紧绷的状态。当他们能够勇敢地面对和拥抱内心深处不成熟的“小孩子”，允许自己犯错、允许其他人犯错时，他们的工作和生活将重新回到有张有弛的状态。这样的弹性会让他们的人生保持真正的活力。

· 对ESTJ职场新人的发展建议

1.及时复盘和整理出经验库

ESTJ习惯于快速对一件事情下结论，但他们也会意识到：他们的结论并不是每一次都正确。虽然他们的内心可能并不愿意去面对和承认，但没有人可以做到每一次的判断都正确。如果他们能够勇于面对挫折和失败，将“错误”视作工作中的常态，将“总结复盘”纳入日常的工作范围，他们将会得到突破性的提升。

ESTJ通常在组织经验方面具有天赋，可以记住比较详细的感官信息数据。根据这个特点，他们可以尝试创建一个个人工作日志，记录下每天的重要事件、决策过程以及结果，包括成功的决策和那些不尽如人意的选择。通过将经历进行及时的梳理和记录，有助于进一步巩固和强化自己的实战经验，加深对自身行为模式的理解，识别出哪些策略是有效的，哪些是需要改进的。

此外，他们还可以定期将这些记录组织成一个结构化的数据库，按不同的方面进行分类整理，例如项目、问题的类型或所涉及的技能等。数据库的清晰化将有助于他们在面对类似情况时迅速调用过往经验，以作出更加精准的决策。同时，这个过程还可以帮助他们看到自己缺失或不足的板块，促使他们不断地进行自我更新，保持与行业趋势同步发展。

2.在精细的管控下保持弹性

ESTJ通常具有很强的决断力，但其他人可能会意识不到他们有校准细节的特点。他们本人可能会认为自己在某些方面有“强迫症”，希望物件、事情和时间都能得到清晰有序的安排，如果可以将这种对秩序和细节的追求转换成可操作的体系、流程和计划，他们会看到自己具备管理和控制的能力。

为了提高这方面的能力，他们可以通过参加项目管理培训、阅读相关书籍、使用项目管理软件等做法，学习如何设定明确的目标、划分任务、确定优先级以及监控进度。当他们有了初步的方法论知识，就可以开始尝试通过建立系统来有效地管理复杂项目，为团队成员提供清晰的执行标准和行动计划。

ESTJ在具体工作中喜欢稳定性和确定性，将杂乱的事项秩序化、精细化并且一个个攻破，这会令他们感到满足。在实际操作中，他们可以将大型任务分解为更小、更易管理的子任务，以形成明晰的清单，并为每个任务分配合适的资源和时间，减少因不确定性而导致的错误。

另一方面，他们需要认识到：不是所有的情况都需要严格的规则和控制。在处理常规和重复性任务时，他们可以坚持严谨性和效率导向；而在面对需要创新和团队合作的项目时，则需要提醒自己更加灵活和开放。

为了实现这一点，他们可以尝试主动切割出灵活处理的领域，放松对某些具体环节的控制，将“变动”视作计划内的一环，让自己在可控的范围内保持灵活性。这样既能保证整体的稳定性，又能给自己提供适度的挑战和刺激，同时避免给其他人造成教条主义和经验主义的印象。这种既严谨又灵活的平衡，是ESTJ在职场中实现持续成长的关键。

3.通过科学的方法管理情绪

很多ESTJ都是急性子，经常会无意中透露出焦躁、愤怒和不耐烦等情绪，并且会不小心影响到周围比较敏感的人，同时对于脆弱、不安、恐惧等情绪倾向于压抑和逃避，他们会试图去战胜情绪而不是和情绪共处。整体而言，情绪对ESTJ来说是非常难以掌控的部分，如果不能进行合理疏导，最终将会对他们的身体造成伤害。

然而大多数ESTJ并不信任抽象的精神分析和神秘莫测的身心探索，更适合他们的是通过具体的行动来改善情绪。他们可以尝试在生活中制定和健康相关的计划表，养成良好的作息习惯，保证充足的睡眠，定期进行体育活动，如跑步、游泳或其他健身活动，以缓解紧张情绪、释放压力，通过内啡肽的分泌来改善心情，让自己的负面情绪不积压。

另外，向信任的亲友倾诉，向他人袒露自己的问题，寻求建设性意见是排解情绪的重要方法。在交流的过程中，有时候只是将想法说了出来，就已经解决了一部分情绪问题。同时，这个过程也是增进亲友关系的关键，无论ESTJ本人表现得多么坚强和刚毅，他们确确实实需要情感的联结和支持，需要被深入地理解。

当他们愿意对其他人交付真心，其他人也会对他们报以真心，这种真心并不会因为他们的身份、成就和境况而改变。当他们意识到“能力”并不是唯一的价值，心态就会逐渐变得更加平和、稳定与健康。

·“进取型”的中长期职场画像

“进取型”的职场成长过程，是在**“果断决策推进”**和**“理解个人价值”**的矛盾中进行的。他们天生就有用逻辑来对资源进行最优化配置的强大动力，自然而然地用理性手段组织起人、事、物。因此他们在职场中往往会非常迅速地得到提拔，成为组织里的管理者乃至领导者，但也会因强势的作风而遭到部分人的不满和反对。

在最佳的状态下，他们能充分地感受到身边的人真实的内心需求，制定出公平公正合情合理的计划、系统和制度。在可量化的标准里，他们仍留有人性化的空间，以雷厉风行的手段解决问题，展现出菩萨心肠与霹雳手段并存的特质。在他们的带领下，团队将成为一支无坚不摧又充满热血的雷霆战队。在创造经济效益的同时，他们也因大公无私和厚德载物的品质，赢得团队成员的尊敬和爱戴。

这个过程并非一蹴而就，作为长期目标和终身学习的范畴更加适宜。为了达到这个长远的目标，“进取型”可以在以下方面有意识地积累经验和培养能力：

- 寻找世俗成就外的价值
- 耐心聆听情感诉求
- 相信情绪存在积极性
- 表达信任他人的技巧
- 相信存在无条件的信任
- 展现自己脆弱的勇气

在这个积累和学习的过程中切记：

适时放慢自己的脚步，充分地关爱自己、理解他人。

第八章

凝聚型的“友善”与“愤怒”

· 导言

↓ 主要性格特点	↓ 主要内心冲突
· 重视道德与人文价值	· 容易忽略自己的需求
· 重视情感交流与互动	· 容易模糊理性的标准
· 重视人际关系的和谐	· 容易丧失个人边界
· 集体意识强烈	
· 努力追求共识	
· 享受和谐氛围	

ENFJ和ESFJ在荣格的术语里统称为**“外倾情感型”**，为了照顾大多数读者，本书采用**“凝聚型”**进行替代。

对于“凝聚型”而言，**“关系和谐”**和**“情感流动”**是最重要的内心需求，他们需要和身边的人产生紧密的联结，享受和谐的人际关系氛围。他们会主动创造条件来建立和维系人际关系，在具有凝聚力的集体里获得巨大的幸福感。如果他们所从事的工作具有良好的团队氛围，能够令他们感受到并肩作战和团结一致的情谊，自己能为集体作出贡献，集体能为社会作出贡献，多点理解和包容，少点自私和功利，他们将会产生无穷无尽的驱动力。

他们遇到的阻碍通常是**“客观评估”**和**“理性批判”**，原因是他们潜意识里认为“理性”会伤害到人与人之间的关系和感情。他们不愿意用冰冷的逻辑来解释情感，因为一旦情感被解构、分析和追根溯源，即便随后作出了符合情感需求的决定和行动，也失去了情感本身的价值和意义，仿佛情感变成了一场算计。

他们更希望大家用心感受、用心交流，自然而然地在情感上达成共识，和他们站在同一立场上，感受到大家是"自己人"，而不是用抽离的视角冷静地评估和批判。他们并非不理智和没有逻辑，只是他们总是不可避免地优先考虑人的感受、价值观和立场，只有在这些情感条件都满足的前提下，他们才能更好地进入针对具体事务的逻辑思考。通常而言，他们的观点是在沟通和表达的过程中形成的。

他们需要有一套保持独立自主、不被外界诉求过多侵扰的内在方法，但这套方法如果过于理性化和准则化，他们的内心将会非常难以接受，甚至会因此变得失控、蛮横和严苛。他们并不喜欢这样的处理方式——在共情的基础上达到的"理解"才是他们更想要的，而不是将"人"视作抽象的问题来对待和解决。

凝聚型的基本特征

协调自己的情感与集体的环境达成一致，努力让所有人达成共识，因此常常压抑个人真实的感受，在不夹杂情感因素地看待问题方面存在挑战。

· 典型情境

Samuel | 人事 | 两年工作经验

从进入这家公司的第一个月，Samuel就感觉主管和自己“八字不合”。主管总是不苟言笑，看待任何事情都是工作优先、效率优先、业绩优先，几乎没给他任何好脸色。这让他感觉非常有压力，做任何事情似乎都得不到一句肯定和夸赞，做得再好也被视作理所当然。但一有什么小错误，主管就会变得很神经质，经常不顾场合和面子，当众对Samuel进行严厉批评，仿佛在羞辱他：“这点小事都干不好，还想在职场混，做不好你就打包走人”。

一开始，Samuel真的很伤心，觉得自己已经尽心尽力，不至于被这样数落。但随着相处时间久了，他发现主管对大多数人都是这个样子，大多数人都对主管心怀不满，甚至可以说是怨声载道。

让他感到欣喜的是，他的同事们都喜欢他和支持他，每次他向同事吐槽的时候，同事们都站在自己这边。他们把主管戏称为“狐假虎威的大魔头”，拿着鸡毛当令箭……每次吐槽完，他们都会会心一笑，这种暗中联合对抗的感觉，为他压抑的日常工作增添了一些“调味剂”。他喜欢和大家并肩作战的感觉，打工已经够苦了，同事之间的和谐氛围很重要。

他坚信道理是站在群众这边的，渐渐地他也不再压抑对主管的不满。有时候主管一顿批评，他要么左耳进右耳出，要么采取据理力争的手段。他开始信奉自己的一套处事原则：你不给我好脸色看，我也不给你好脸色看，能把我这种好脾气的人逼到这种地步，你该反思自己，而不是来指责我，看看大家对你的评价，就知道你有多么失败。

Samuel已经做好了随时被辞退的准备，但令他感到意外的是，主管居然让他担任实习主管的角色，让他来组织部门日常的工作——考勤、请假、工作进度控制、工作质量核对，都要先经过Samuel初审。

一开始，Samuel觉得很困惑：太阳是打西边出来了吗？主管不因此给自己“穿小鞋”，居然还给自己升职的机会？但很快地，他发现这是主管的“阴谋”。自从他担任了这个角色，就经常陷入两难的境地：

“小A最近加班很多，他请了一周年假，我批还是不批？”

“小C的工作进度明显滞后，我要怎样才能说服他跟上进度？”

每当他面对这些冲突时，总会感到异常难受。他努力地考虑每一个人的感受，希望找到工作任务和同事感情之间的平衡点，有时他甚至会为了让其他同事放假，选择自己帮他们“填坑”。然而他依然察觉出同事们对他语气态度的变化，之前融洽的氛围似乎在一天天地变坏。

他开始觉得很多人真的非常自私，一点都不为其他人考虑，自己真的是吃力不讨好。他觉得自己似乎卷进了“职场宫斗剧”，夹在了主管和同事之间，渐渐地，他看很多人都觉得相当讨厌，有时忍不住会对他们大发脾气——一个个都不识好人心！他不喜欢这样的自己，也不喜欢这样的工作环境，心情总是很容易一下子跌到谷底。

· 核心问题

在人类社会中，个体的行为和生活往往会受到社会集体的影响和制约，个体与集体之间相互作用密切。无论是在多么崇尚个人主义的地区和时代，人类都是“社会性动物”——生活在群体中，并依赖于其他人类成员来满足各种需求。有的人天生具有敏锐的社群意识，这样的人往往会是组织的黏合剂，为团队的凝聚力和幸福感作出巨大的贡献。

然而这类人往往也是“情感动物”，他们以人为本，注重人际关系和情感交流，对于他人的评价和个人的声誉非常在意。有时候他们会将“关系”置于工作之上，这往往会导致他们对职场事件的判断出现视线盲区——倾向于以社群的综合看法来衡量对错，排列事务的轻重缓急，而不是采取逻辑上的正确准则和方法。

但如果说他们没有逻辑，他们可能会因此大为震怒：他们并不是没有逻辑，只是觉得逻辑很冰冷，没有任何温度，他们不喜欢用这种没有温度的方式来看待世界和处理事务。人是活生生的个体，怎么能全部用冰冷的逻辑来解释和处理呢?

工作固然重要，但“人间温情”才是他们幸福感的来源。如果可以的话，他们希望工作可以带来社会整体幸福感的提升，促进人与人之间的联系。将标准放宽一点，至少不要为了利益而破坏了人与人之间的关系。

当他们还是职场新人的时候，可能会存在职场关系理想化的倾向，就算理智在告诉他们职场关系没有那么简单，充斥着利益和矛盾，但他们内心还是希望所有人都能和谐一致，希望每个人都能“好好说话”达成共识，认为齐心协力就能克服大多数难题。

他们可能会和大多数人都相处得非常和谐，却对少数人极度排斥，他们完全无法理解这些人脑袋里在想什么，这些人通常令他们满腹怒气，他们觉得这些人不是“正常人”，希望这些人能按照正常人的标准来做事。这种情况通常出现在他们的上司非常强势霸道的时候，以及他们的同事表现出个人主义色彩的时候。

当他们把注意力聚焦在人的感受上时，可能对于职场上的一些建设性批评就会置若罔闻：或者将其视为有针对性的职场暴力，或者将其归因为提出者的人品有问题，又或者陷入过度迁就和过度讨好的局面，把精力都放在处理别人的看法、处理人际关系和处理情绪问题上，从而没有办法冷静地吸收成长的养分。**“集体价值”“集体利益”**和**“个人诉求”**之间的矛盾，是他们在职场上的核心冲突。

所有的职场年轻人都可能会有这样的心理和阶段，但在人格类型学里，ENFJ和ESFJ这两个类型最容易深陷在这样的境遇里，并在很长一段时期内都找不到突破口。

·“凝聚型”的心理摩擦力

1.难以接受不被喜爱

他们通常是利他主义的，很自然地站在集体的角度思考问题，能真正地感受到利他的价值，最易产生集体荣誉感，这在东亚文化中是备受鼓励和赞赏的。他们的表现通常是热络的，因为他们切实地在关注大家的感受和福利，所以广泛地受到集体的欢迎。

然而无论是谁都不可能被所有的人认同，无论他们内心有多么为其他人着想、作出多少实质性的努力，也可能会不被理解，甚至遭到无故的恶评。这类新人很难接受别人的负面评价，一开始可能会因为这些评价而产生自我怀疑，觉得自己哪里没有做好，随后又可能会将不理解自己的人视作无药可救的蠢人或坏人，将这些人从心理源头上切割出自己关照的范围。这时候他们可能会不自觉地表现出阴阳怪气的一面，而被一些人视作虚伪做作的证据。

2.对语气表情过度敏感

他们往往对情感的流露特别敏锐，而情感的线索来源于每一个细微的表情、每一句话的语气和态度，也可能来源于缓慢的应答和沉默的瞬间。他们自认为是非常懂得“读空气”的，有非常强烈的观察情感氛围的意识，但解读是否正确还得看他们的真实阅历。无论他们的解读是否正确，他们都会经常接收到非常多外界的情绪。在阅历尚浅时，他们可能会很容易被别人的情绪影响，进而将别人的情绪变成自己的情绪。尤其是在压力巨大的工作环境中，他们或许会感到情绪上的不堪重负。

3.被他人的需求占据精力

他们非常乐于助人，在帮助别人的时候会获得心理上的满足感，这种满足感不是用物质和利益可以衡量的，而是一种自我价值的实现。所以当别人有求于己时，他们往往会习惯伸出援手，而不是优先考虑自身情况。

如果所求之事只是举手之劳，那确实对双方以及彼此的关系都是有利的；但如果所求的是比较麻烦的事，他们可能会陷入十分为难的境地，被迫承担起别人的苦恼，自己手头的工作反而被后置和堆积。他们对于拒绝别人容易产生愧疚感，即便那本来就不是他们的分内之事。

没有边界感以及不安好心的人可能会有意无意地利用这一点，对他们提出越来越过分的要求，或者长期占他们的小便宜，但在内心并不尊重他们，将他们的善意支持视作理所当然。最终他们可能会感到十分愤怒，并一口气将所有的付出盘算清楚，而那些人可能反而以此为话柄嘲讽他们伪善和计较。

4.不自觉模糊个人边界

虽然对于一些人来说，他们会被视作可索取情绪价值或实际价值的资源，是值得被剥削的对象，但对另一些人来说，他们却可能是个人领地的“非法入侵者”。由于他们拥有强烈的集体意识、互助意识和资源共享意识，他们自己也可能会模糊人与人之间的边界，用自己的方式来为其他人主动付出，倾向于认为别人没理由拒绝他们的善意。

他们容易预设别人应该会察觉并肯定他们的用心，尽管他们的动机并不是为了得到别人的感激，而是认为在社会交往中互助互爱是理所应当的。但有一些人可能会觉得自己被干涉和被安排了，自己真实的意愿没有被尊重，对他们的付出反而报以不满和控诉。这会令他们感到尤为沮丧，并且比较轻易地将那些人的自我意识视作极度自私，甚至对此进行强烈谴责。

5.不得不强硬时压力巨大

对于他们来说，事务的运转离不开“人”，“人”是目的而不是手段，注意力应始终落到人的价值感和幸福感之上，而不光是考虑组织的指标和效益。当他们不得不去协调利益关系时，也倾向于通过语言的交流与情感的影响力来达成最大化的共识，而不愿意采取套路化的策略以及强制性的措施来推进事务的发展。

当他们处在一个绝对利益导向的环境里，被迫需要将人解构成一个个数据，或者必须将人当成工具来使用的时候，他们可能会承受巨大的心理压力。尽管他们通常具有很大的人力资源工作潜能，但面对缩减人力成本、优化员工、劝退和裁员等具体操作，他们可能会深切地感到于心不忍。他们也难以忽略别人被强制安排时所发出的不满的声音，以至于他们可能会投入大量的时间精力在安抚别人的情绪上。

6.难以相信“对事不对人”

因为对“人”的高度重视，他们对事务的直观感知是以人为单位的，“事”的问题本质上是人的问题，他们难以将“人”单纯地视作“事”的因子。在这种认知的影响下，他们很难真正地接受所谓的“对事不对人”的批评，而是觉得对事的否定就是对人的否定——不说是对人格的否定，至少也是对个人能力的否定；即便不是对个人能力的全盘否定，也是对胜任程度的否定。

从某种程度上来说，他们确实是正确的，然而这种理解角度可能会令他们对批评过度敏感，对被批评和否定的经历耿耿于怀。为了消解这种郁闷情绪，他们可能会挑剔批评者的逻辑问题，找到非常多的证据去证明批评者一样能力不足，认为批评他们的人“双标”——只懂得批评他人，自己做起事来一塌糊涂。

·“凝聚型”的心理调适策略

要更好地克服心理摩擦力，首先要做到一些“意识”上的转变，才能更顺利地进入到行动层面。凝聚型新人及其他注重集体情感的职场新人，可以参考以下的观点，尝试转变看问题的角度。

1.“自我”的人不都是“自私”的

注重集体情感的人对于身边“自我”的人是相当敏感的，他们很容易被搞得心烦意乱，包容度和判断力极易大幅度下降。他们很难去改变其他人，但可以通过更了解这背后的原理来提高对别人的接纳程度。

我们经常评价一个人很“自我”，但在不同的情境和不同的对象身上，这个词一直会有不同的褒贬意味。如果说一个艺人很“自我”，那经常会是一种夸赞，赞赏他们坚持自我的精神，仿佛他们代表了对于商业和主流的不妥协，有自己的原则底线；但是如果评价身边的人“自我”，那就不一定是正面的评价，可能暗含了他们不懂事、不懂规矩，甚至是自私的意味。尤其是在职场中，“自我”经常是一种负面评价，指一个人没有大局观，不懂得考虑别人的利益和感受。

为什么同样的词，用在离我们很远的人身上表达的是赞赏，但用在离我们很近的人身上却变成了一种批评？因为对于比较遥远的人，我们更希望他们坚持自我的精神可以改变社会的风气，我们在他们的身上投射了英雄主义情结，但不用承担他们所需要承担的风险。我们只需要感受他们的勇气给自己带来的力量，感觉自己的自由意志可以得到最大限度的发挥。

但这样的人如果出现在我们身边，情况就不一样了。一方面，我们对自身所处的环境有一个比较清晰的评估，这份评估代表了我们生活的智慧，如果有人对抗我们熟知的环境，就相当于在挑战我们的生活智慧，这是心理层面的；另一方面，这种对抗环境的行为可能会直接影响到我们的个人利益，令工作难以有进展，让我们在沟通交流中会有一种碰壁感，这种切切实实的感受和影响会令我们感到很难受，这是行为层面的。

“凝聚型”习惯站在社会关系的角度对别人进行评估，他们的幸福感源于加深人与人之间的关系和感受到人与人之间的理解，并且会为之而努力。在成长的过程中，他们自然而然地在社会习俗、社交礼仪和人情世故方面积累了非常多的经验和心得，但他们通常不知道自己是怎么练出这一身本领的，也很难体会到很多人在人际交往上存在着多大的焦虑。

而“自我”的人通常是以一种对抗的姿态面对这个世界的，他们关注的是内心深处抽象化的价值。同样是对“善良”的重视，凝聚型的人可能会认为：在他人有困难的时候及时地帮助他们就是善良。但对于“自我”的人来说，“善良”的本质是发自真心地为他人作长久的考虑，具体是怎样的呈现形式并不重要。

基于这样的思考，“自我”的人可能会选择不作为，让有困难的人自己经历磨难而成长；也可能会在内心规劝自己“放下助人情结，尊重他人命运”，发自内心地为他人最终的成长而感到高兴，却无法用言语或行动表达出来。这样就已经满足了他们对“善良”的追求。但在别人眼里，他们却是冷漠和无动于衷的，这些人看不到他们内心的矛盾挣扎，看不到他们无动于衷的背后也包含了另一种智慧和勇气。

“自我”的人在作出情感支持的时候往往比较拙劣，他们天生倾向于隐藏而不是实质上的表达，但内心的情感十分深入和浓烈，习惯发展比较狭窄和深刻的人际关系。这和“凝聚型”是相反的，“凝聚型”更倾向于直接表达和沟通，更能照顾到广泛的、集体的情感需求，但不一定总是能和别人产生深刻的情感联结，有时候只是浮于表面的热情友好。

“自我”的人可能会本能地认为凝聚型的人虚伪做作，而“凝聚型”可能会本能地认为“自我”的人自私冷漠。这都是从自己的感受经验出发而作出的思考。“凝聚型”如果已经显现出冷漠态度，要么是内心已经非常讨厌这个人，要么是觉得这个人侵害了自己的利益。

对于“自我”的人而言，不直接支持和响应别人可能才是常态。相反地，他们在积极响应别人的时候，经常会产生一种自己很假的感觉，所以他们对于“凝聚型”的乐于助人也可能会打上问号，将自己认为虚假的一面投射到了“凝聚型”的身上。

出现这种差异的根本原因是，双方处理人际关系和情感问题的方式完全不一样，而且这种不一样是从小就养成的。如果他们能更多地看到彼此的共性，就有机会从欣赏的角度来看待对方。他们的共同点是都有强烈的情感能量，只是“凝聚型”倾向于向外部更广泛地释放，而“自我”的人更倾向于将这种情感给自己真正重视的少数人、事、物。

“自我”的人，缺乏基础的社会意识（“凝聚型”眼里的）是普遍现象，但这并不代表他们一定是自私的，只是重视的方面和“凝聚型”不一样，他们习得基础的社交礼仪和社交技巧会经历更多的磨难，而且始终很难游刃有余，但这恰恰是“凝聚型”觉得最轻松自如的领域。凝聚型的人需要认识到：互助意识和表达情感是他们的天赋，对他们来说，伸出援手、响应他人很简单，但对很多人来说都要经历激烈的思想斗争。

通过对“自我”的人心理机制的了解，凝聚型的人可以试着将这些人有点回避和冷漠的表现视作一种常态，更关注他们真情流露的一面，才可能窥见他们的真实情感。这也有利于“凝聚型”分辨究竟哪些人的“自我”只是一种自我保护，哪些人的“自我”才是真正的冷漠和自私。

2.“对事不对人”或许真的存在

对于高度重视人际关系的职场新人来说，“被肯定”是非常巨大的进步动力。凝聚型的人从不吝啬对别人的夸奖，别人做得不错就给予语言上的肯定。这些对他们来讲都是非常自然的事情，所以他们会喜欢一个互相欣赏和鼓励的环境，而对充满竞争的环境感到压力巨大。

“被批评”很容易让他们感觉到巨大的灾难感，仿佛所有的批评都意味着对他们个人价值的否定。当他们遇到一个不爱夸奖他人的上司时，他们可能会将注意力都聚焦在负面评价上，产生一种“无论我怎么做他都不满意”的感觉，觉得是上司对自己有意见。

然而除非是他们的上司能直接决定他们的薪酬和晋升机会，否则别人对他们满不满意在职场中并不是一件重要的事情。这当然不是说同事之间和上下级之间的冷漠态度是值得肯定的，而是说，如果他们的上司就是这样一个人，他们应该去了解上司的个性，以减少自身的精神内耗。

就像上文所说的，“自我”的人就是不倾向于表达情感，这可以扩大到“内向的人就是不倾向于表达情感”。如果他们的上司不但内向，而且还是思维导向（T偏好）而不是情感导向（F偏好），那想要在上司口中听到肯定的词更是难上加难。

思维偏好的人都倾向于“就事论事”，处理事情的时候注意力都集中在“怎样解决问题才是最合理、最有效的”，而不考虑人的感受。在我们的想象中，这样的人似乎应该是冷静的和没什么情绪的，但类型理论告诉我们的是，思维型的人情绪更不稳定，他们甚至无法感知到自己在说话的时候充满了情绪能量，坚持声称自己是不带任何情绪地表达中肯的意见。

而对于凝聚型的人来说，这种情绪色彩清晰可见，可能是恨铁不成钢，也可能是无能狂怒。这种猜测或许是对的，但如果他们因此将重点从“解决实际问题”转移到了“寻求自我肯定”，那就是真正地搞错了重点。

因为对于思维型领导而言，只要员工能真正地解决问题，他们对员工的评价自然就上去了。这类领导不会停留在人际关系和情感舒适度的考虑层面，所以“直接搞好人际关系，工作就会更顺利”的想法在他们这里可能收效甚微，而凝聚型的人却容易因此陷入这样的脑回路：“我已经尽量在满足他的需求了，他对我却总是表现得不满意，看来他对我是真的有意见。”

实际上思维型领导可能根本不在意员工有没有在满足他的需求，他们在意的只是工作效果有没有达到他的预期，同时他们也意识不到自己总是流露出不满意的神色。那是他们自己作为领导要修炼的课题，凝聚型的人却把他们的课题当成了自己的苦恼。

是的，他们可能真的是对我们有意见，但那并不意味着他们的内心对我们整个人就抱持否定的态度，对我们本人有什么偏见——事实上他们对绝大多数人、事、物都抱有极高的标准，而他们自己也还没有找到和内心高标准和谐共处的方法。简而言之，有可能他们对任何人都是不满意的，包括对他们自己。

面对这样的领导，不要试图在他们身上获取情绪价值和自我的肯定，我们或许会觉得他们把我们当成了工具人，令我们内心感到十分难受，那我们也反过来把他们当工具人就可以了，认清楚大家只是同事的关系，围绕共同的目标把事情解决，取得我们应有的物质报酬就可以了。

人与人之间的和谐关系是强求不来的，但对于思维型的人来说，只要能把事情妥善地解决，以事情作为建立关系的纽带，关系反而有可能会自然而然地建立起来。随着这种合作关系变得紧密，加上大家年龄和历练的增长，我们总有一天会感受到来自他们的肯定和善意。

ENFJ

“每一件事情的发生都有迹可循，就算别人没有说出口，我也能理解他们的动机和苦衷。帮助别人破除迷雾令我感到很幸福，但这并不意味着我是‘服务型人格’，我可是非常有决断力和号召力的。我希望能够影响更多的人，让这个世界变得更加美好。”

· ENFJ | 激励人心的外交家

核心动力	辅助潜能	摇摆区间	长期课题
关系调控	深远觉察	即时反应	系统分析

ENFJ是所有人格类型里社会关系意识最强的，通常是一个集体里的**情感枢纽**，能敏锐地发现整体的氛围和每个人的内心需求，并且快速地做出行动来照顾大家，维持集体的和谐有序。

他们在人生早期就察觉到自己有沉浸在想象世界的一面：自己是剧本中的主角，生活就像在演绎一部兼具浪漫温情和理想主义的小说。当现实的素材不断地照进幻想的世界，他们逐渐琢磨出来了理解真实世界的线索，加上他们对于抽象的概念和理论通常有很强的理解力，会兼容并包地形成自己独到深刻的见解，并将其转化成敏锐的洞察力和前瞻性，在现实生活中灵活地运用在人际关系的建立和维护上。

他们对人性的复杂有超过一般人水平的深刻理解，能够很自然地站在别人的角度，感受当事人的心理状态——紧张、尴尬、掩饰、隐藏的善意和微妙的恶意。他们能清晰地感受到他人的情绪状态，并从整体情感和谐的角度进行揣度和衡量，决定自己应该做出怎样的举动，从感受、思考到行动的推进过程相当迅速。

如果他们接受过良好的品德教育，那么他们就会拥有非常好的公德心，并有可能激发起对人类命运的慈悲之心，产生非常崇高的社会理想。即便没达到那么高的高度，他们通常也会是集体里非常善解人意和助人为乐的成员，因其**热情友好**和**高行动力**而获得大家的信赖。

他们喜欢和其他人进行交流，能在和别人的情感互动中得到大量的满足，同时他们也非常乐于为其他人提供安慰和建议。由于他们能够充分理解别人的苦恼背后所隐藏的情感诉求，因此给出来的建议通常带有综合性质，而不仅仅是“解决问题”——心灵上的幸福和成长，比一时的得失更加重要。

同时，他们有种强烈的意愿：促使别人展现出最好的状态。深刻的洞察力使他们能敏锐地发现别人身上的问题和停滞点，他们希望能够教导别人更深入地理解自己，进而超越和进步。他们的博爱精神和共情能力，加上决断力和洞察力，令他们有非常大的潜能去成为众人喜欢和尊敬的“**魅力型领袖**”。

但在别人更了解他们之前，有些人可能会觉得他们“很会来事”。正如这个词语在当代社会的双重含义，不同语境之下的褒贬意味完全不同：一方面他们因为善于圆滑处事而左右逢源，受到许多人的肯定和喜爱；另一方面他们可能会遭受别人在背后的指指点点，别人会认为他们是在虚伪地搅局。

这里面的问题在于：虽然社会崇尚博爱精神，但有些人并不发自内心地相信。当ENFJ作为标杆出现在众人面前，反而激起了一部分人内心的阴暗面。

通常而言他们是充满善意的，喜欢用积极的视角来看待未来和世界，尽管不那么美好的世界时不时会给他们带来失望和烦恼，但他们还是更愿意抱持积极正向的价值观，希望创造和谐的世界。

然而，当他们付诸善意却屡遭误解的时候，他们也可能会将他们认为的冥顽不灵的人视为纯粹的邪恶。

“我真的觉得邪恶的人应该从这个世界上消失！”

当他们还是职场新人的时候，可能会特别看不惯不配合集体工作的那些人。尽管他们在洞悉人际关系和社会情境方面有着超高的天赋，但对于“自我”和“功利”的人似乎有盲区，很容易将这些人尤其是那些把冷漠和强势写在脸上的人视作集体的威胁，一向包容的他们可能会变得尤其没有耐心，轻易地对这些人予以强烈的谴责，列出事实的证据来佐证自己的观点。他们可能会认为自己无比地客观和正确，但旁观者却能清晰地看出他们带有强烈的道德立场，并不是真正地客观。

他们是最能看到**“人性之光”**的一类人，也能清晰地看到“人性之恶”，但情感上却难以接受，包括他们自己的阴影。有时候他们会恐惧于自己阴暗的想法，并试图将其合理化。

他们在人生早期，可能会自愿充当别人的“情绪垃圾桶”。如果别人信赖他们并且愿意向他们倾诉，他们会非常自然地将其他人的需求放置在自己的需求之上，以至于忘记了照顾自己的生活和感受，导致自己的日程安排变得失去控制。

更隐秘的问题是，长期模糊自己和他人的边界，可能会导致他们的被尊重程度下降。一旦他们不能再持续给对方提供情绪价值，有可能反而会遭受到对方不加约束的恶言相向，这种情况下ENFJ会感到极度的受伤和愤怒。

尽管他们在一般状态下非常果敢，并且具有组织领导方面的潜能，但**“情感氛围的和谐”**对他们来说有着不容置疑的重要地位。他们很难接受这样的事实：明面上的冲突可能是解决问题的必要过程。对他们来说，以伤害感情为代价来解决问题是严重的本末倒置，人与人之间的联结才应该是最被重视的事情。

真正令他们产生使命感的角色是“有远见的导师”，他们希望这个世界的发展能符合他们的价值观，并且鼓励他人为更好的未来作出努力。如果在合适的平台，他们会以鼓舞人心的风格倡导他们的愿景，在组织内部形成强大的向心力，并向外辐射至整个社会。

· 对ENFJ职场新人的发展建议

1.充分了解并培养情商

对于人缘极佳的ENFJ来说，“情商高”可能是经常会听到的夸赞，他们可能会认为自己已经是高情商的代表。然而，日常语境下的“情商”已经偏离了一开始的内涵，让人感觉就是圆滑世故的近义词。实际上“情商模型”涉及**自我觉察、自我调节、自**

我激励、**同理心**和**社交技巧**五个方面，在这些方面，ENFJ一般都会有朴素的心得和天然的兴趣，进一步了解之后可以快速掌握其中的精髓。其中，“自我觉察”是对ENFJ而言最重要的第一步，做到第一步之后，其他四个方面几乎可以说是水到渠成。

“自我觉察”在这里是指：认识到自己的情绪，并理解它们如何影响自己的行为和思维。ENFJ虽然对情绪有敏锐的感知，但还可以更进一步地思考自己的情绪触发点和反应模式。

- 同样的情绪是否反复出现？
- 出现的情境都是哪些？
- 这些情境有什么共同的特点？
- 反映了什么深层次的原因？

ENFJ可以在日常的互动中留意自己对不同情境的情绪反应，识别那些触发负面情绪的特定因素，并在安静的时候进行自我对话，通过深入的自我了解来达到和负面情绪的初步和解。

“自我调节”则指示出如何控制和调整这些情绪反应，以保持专注和高效。例如面对压力的时候，通过深呼吸、短暂的散步或与信任的同事交流来缓解情绪。

“自我激励”则提示要学会让自己保持热情和振奋，例如可以设定清晰的短期小目标，在达成小成就时及时奖励自己。

2.理解人的共性和差异性

富有“同理心”是ENFJ相比其他类型所具备的天然优势，但在面对和自己的成长背景及思维模式相差极大的人时，他们在理解人的共性和差异性方面依然存在很大的难度。对于他们来说，社会规则是真实存在且不言自明的，面对有脱离集体倾向的人时，他们很难冷静地思考，无法和那些人产生情绪上的共情。

从近几年心理学的研究来看，共情可以分为两大类：一类叫“情绪共情”，一类叫“认知共情”。非常多ENFJ天生拥有“情绪共情”的能力，能对有相似经历的人产生深刻的感同身受，进而理解别人的处境和想法；而“认知共情”则是通过分析和思考来达到对他人的理解，并不以情绪为驱动，需要的是在认知上对人性有更深刻的理解。

在这一点上，正确地学习类型学理论（如荣格的心理类型理论、MBTI理论、凯尔西气质理论等），可以帮助他们理解人的性格差异：既有先天的成分，也有环境的塑造，不一样的外在表现可能潜藏着每个人都存在的普遍性问题。

有意思的是，越来越多的研究表明，看优秀的小说和电影可以培养共情能力，带领人们走出个人狭隘的视角，体会不一样的价值观，培养更博大的恻隐之心。

如果ENFJ已经学习了类型学的理论框架，再去看这些文艺作品的时候，就可以更好地代入到不同角色的视角，产生认知上的共情，进而在现实中加深对其他人的理解（即便他们和自己截然不同），领悟出矛盾的根源，不被问题的表象迷惑。

3.学习冲突管理技能

职场中的矛盾冲突是一直存在的，但ENFJ无法忍受不和谐的氛围，也不愿意用强硬的手段推进工作，因此可能经常会卡在想尽办法解决别人和自己的感受的问题上，不解决这些问题他们就没有办法静下心来工作。当他们充分地理解自己，也更理解他人之后，依然需要具体的沟通技巧来解决职场矛盾。

尽管ENFJ在沟通技巧上有自己的心得体会，并且运用得灵活自如，但他们通常是没有经过系统总结的，而是凭借着天赋和经验作出自动化反应。如果他们可以找时间将这些技巧更加清晰化和逻辑化地总结出来，形成一套内在的准则，将会大大地提高他们的沟通效率。

市面上有非常多与沟通技巧、冲突管理相关的书籍和课程，由于ENFJ本身在这些方面具有天分和兴趣，因此在学习的过程中，他们可以非常快速地学习到其中的奥妙和精髓，并将其内化成他们自己的技能。其中的关键只在于他们的生活环境有没有学习的氛围，他们自己愿不愿意踏出这一步。可能的话，邀请亲友同事们一起参加，会令他们更快乐地学习和成长。

“不知道从什么时候开始，我依恋身边的亲友和过去的时光；也不知道从什么时候开始，我已经变得如此自信和强大。当我回顾过去，我的生命就像一本丰富的小说，我曾经彷徨和犹豫，但从今往后，由我来主持大局，照顾好身边的人。”

· ESFJ丨热情周到的主理人

核心动力
关系调控

辅助潜能
梳理沉淀

摇摆区间
探索突破

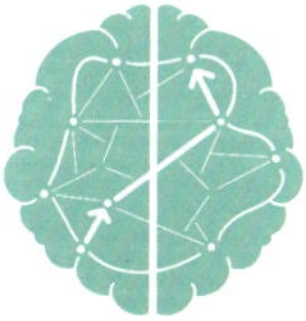

长期课题
系统分析

虽然和ENFJ一样拥有**超强的社会关系意识**，但ESFJ更侧重**实际事务**上的操持和照顾，而不是心灵上的抚慰与激励。他们通过具体的行动来证明他们对亲友和集体的关心，可能是组织一场完美的聚会，可能是认真挑选每一份礼物，可能是分享和提供有用的资源……总之，他们的帮助倾向于落到实处，而不是停留在口头之上。无论是工作还是生活层面，他们都是最忠实可靠的伙伴，他们乐意为集体付出，在集体之中最能获得幸福感和价值感。

“我很怀念以前大家常常聚在一起的日子。”

他们非常珍视和亲友们一起度过的时光和回忆，如果问16种人格中的哪种类型**最注重亲情和友情**，ESFJ毋庸置疑位居榜首。他们的人生故事是围绕着亲朋好友谱写的，无论是对自己的小家庭还是社会的大家庭，他们都下意识地积极建设和维护。

然而他们并不总是那么相信亲友们口头上的说辞，他们更相信自己的观察。他们对人的观察更多的是基于眼中看到的具体事件，相信**眼见为实**，对事实背后错综复杂的动机持保留态度。

“我相信我的观察和判断！”

他们这种对既往事实的信任而不是对说辞的信任，运用在一部分人的身上确实有效，因为很多人并不清楚自己的真实需求和动机，口头上的说辞可能只是为自己的行为作事后的解释或辩护。通过观察这些人的行为和过往表现来判断他们的内心世界确实更有效果，然而ESFJ可能也会因此错过深入了解另一部分人真实内心世界的机会。

ESFJ倾向于以自己的经验来理解他人和为他人付出，但总有那么一小部分人认为他们不了解自己，认为他们的付出并不是自己想要的，这种情况会令他们极其沮丧，甚至是感到愤怒。虽然他们并没有想通过付出来索取情感价值，甚至可以说是不求回报和自我牺牲，但遭遇到别人否定自己的关心和付出的情况时，他们依然会觉得难以接受，并且会比较轻易地将别人定义为自私自利或者道德败坏。

他们**重视身份和责任**，努力扮演好社会角色，希望家庭和组织都能给予他们归属感，他们也会尽心尽力做好分内之事。与此同时，他们会希望集体的其他成员也要尽好自己的责任，无论他们是否表露出强硬的态度，他们的内心始终会对此有所衡量。如果身边的人没有遵循约定俗成的社会规则或基本的社交礼貌，他们可能会将这些人视作不稳定因素或者危险分子，不自觉地流露出不满的神色。

但这不代表他们只是兢兢业业的道德楷模，在某种程度上，他们喜欢开放式的探索，只要这种探索不威胁到他们稳定的生活和工作节奏。这种探索欲通常体现在人际关系上，他们对其他人的故事怀有强烈的兴趣。他们会在倾听其他人的故事时吸取经验，同时他们也乐于分享自己的故事。但如果别人总是乐于分享自己的故事，却对他们的故事表现出不感兴趣时，他们可能会觉得非常失落，进而怀疑双方关系的对等性。

和ENFJ一样，他们对表扬十分在意，对批评十分敏感。赞赏的言辞会令他们十分受到鼓舞，而否定的言辞则会让他们情绪十分低落，他们可能会想方设法地避免自己遭受批评。在发现别人对自己有负面的评价以及疏远的迹象时，他们有可能会采取加倍的付出、加倍的自我牺牲的方法，不知不觉地将自己放置在一个卑微的地位，却令他人感到越来越窒息的被掌控感。这种被紧紧握住的感觉可能反而会加速他人的离开，留下满腹委屈的他们。

“为什么自己作出了那么多的妥协，却依然得不到好的结果！”

怎样在发生人际冲突时合理地坚守自我、怎样在事后分析时保持客观理智，都是他们要面对的重要难题。

在工作中，良好的集体氛围对他们来说非常重要，他们会主动创造和谐友善的工作环境，真心实意地为集体付出，成为积极良好的企业文化里身体力行的代言人。他们无法忍受冰冷的同事关系，无法忍受所有人各自为政，而是希望大家能齐心协力、互相理解和支持。他们可以接受明确的等级制度，只要每个人尽到自己的责任，大家相互尊重、友善相处。明确的规章制度和身份职责反而可能会令他们感到舒心，他们不倾向于挑战已有的制度。

然而，如果等级制度滋生出阶级压迫的现象，追求和谐和友善的他们可能会默默忍受一段时间，但内心始终会感到不安和愤怒。

比别人更加具有忍耐力并不意味着他们好欺负，只要在合适的时机，他们会直接表达出自己的价值观和道德观，展现出勇敢与强硬的一面。

由于高度适应现实中集体的环境，他们并不倾向于追逐遥不可及的梦想及作出非常长远的规划，他们的人生轨迹通常并不表现为激进的跳跃，而更倾向于一步一个脚印。情感因素的驱动可能会成为他们人生转变的跳板，例如为了感情或家庭作出重大的人生转变。

当他们回望过去的时候，可能会感叹自己曾经的选择不可思议，但同时他们也能清楚地看到自己的人生历程有多么丰富多彩，充满令他们珍惜和感恩的细节。回忆里的美好画面持续地激励着他们，他们能在其中领悟出传承的价值。随着时间的沉淀，他们将越来越自信，并展现出坚实可靠的力量感。他们曾经是依恋港湾的人，但最终会成长为其他人的港湾。

· 对ESFJ职场新人的发展建议

1.整理经验库以提高自信心

ESFJ对于“整理”通常有天然的感觉，在生活中也倾向于把事情安排得井然有序，由于他们的注意力常年围绕着营造和谐的人际关系，这种井井有条的特性经常会体现在集体活动的操持上，确保亲友们得到充分的照顾。另外，他们还倾向于保持生活和工作环境的整洁舒适，这些都折射出他们的整理天赋。

对于ESFJ职场新人来说，将过往的经验进行系统化整理并非难事，只要他们有这个意识。他们可以尝试着手梳理自己在学习和工作中遇到的情况，包括成功的案例和处理问题的策略，构建一个丰富的“经验库”。在面对新的挑战时，这个经验库将成为宝贵的资源，提高他们的安全感和自信心。

为了有效整理，他们可以尝试以下几个步骤：

· 事件记录

无论是成功还是失败的案例，都详细记录下来。这包括事件的上下文、自己的行动、结果以及从中吸取的教训。

· 分类归纳

将相似的事件归类，总结出每一类事件的处理模式和应对策略。这不仅有助于未来的决策，还能提高处理类似问题的效率。

· 定期回顾

周期性地回顾这些记录，反思自己的行为和思维模式，寻找改进的空间。

2.主动创建传统进行自我激励

ESFJ通常拥有很强的责任心，无论在生活还是工作中，他们的时间都可能会被“义务”填满，他们努力扮演着好同事、好伙伴和好家人的角色，忙碌于各种具体事务。当努力付出变成了他人眼中的义务，受到赞赏的声音减少，他们可能会逐渐感受到自我价值感的降低，导致心情低落，影响工作情绪。

他们维持自我价值感的方式通常是为他人作出贡献，切实地看到他人的舒适、愉悦、开心和感激，因此他们对于节假日固定的亲友聚会有比较大的期待。

把握住这些生命中具有纪念价值的节点，会令他们明显地感觉到幸福感的回归，进而积聚工作和生活的力量。他们可以通过主动创造集体的“传统”来进行自我激励，例如每周一次的下午茶、每月一次的同事聚会、每季度一次的短途旅游、每年一次的大型生日会等。通过将无序的工作生活组织成有序的节奏，并在这些节点加入兴奋点和奖励机制，他们就能稳定地保持对工作和生活的热情与期待。

这种主动创造“传统”的做法不仅可以用在组织亲友活动上，还可以用在自己身上，用比较流行的说法就是为自己的生活增加仪式感。可以尝试设计一系列日常小仪式，比如早晨的一杯咖啡、周末的居家烘焙、每月的个人放松日等。通过这些有仪式感的活动，他们不仅能够在日常生活中创造出期待和愉悦，还能够帮助自己建立起积极的生活节奏，达到情绪的平衡。

3.平衡自己和他人的需求

向不合理的需求说“不”对于很多人来说是一项挑战，对于天生乐于助人、重视他人需求的ESFJ来说更加困难。然而，为了维护个人的健康和工作生活平衡，学会拒绝是至关重要的。他们必须意识到：自己的精力和时间是有限的资源，不能被无限地索取。有了这种认识，他们就能更容易地判断何时应该说“不”。

练习直接而礼貌的沟通技巧是一种有效的方法。可以尝试使用以“我”为中心的语句来表达自己的感受和立场，例如：

“我理解你的需求，但我现在的工作负荷已经很重了，无法接受额外的任务。”

这样的表述既表明了自己的立场，又避免了对他人的指责。在礼貌表明自身情况之后，可以为他人提供替代方案，比如推荐另一个同事，或者告诉对方哪里可以找到需要的资源。这样，即使对他们说“不”，也能显示出愿意帮忙的态度。

此外，练习设定和维护个人界限是至关重要的。在闲暇的时候，他们可以尝试整理出自己可以接受的请求范围，形成书面的文件作为对自己的提醒，对可能发生的情况提前进行模拟练习，在情况真实发生的时候回顾练习的场景，坚持这些原则和界限，不被别人的情绪和诉求绑架。

·“凝聚型”的中长期职场画像

“凝聚型”的职场成长过程，是在**“建立情感共识”**和**“遵循理智标准”**的矛盾中进行的。他们可以比较轻松地组织和处理好人际关系，从“人”的角度找到解决问题的办法，但也比较容易感情用事，有时候会因陷入情绪困扰而搞错重点，有时候又会因为过于自动化地处理人情世故，而被误认为不真诚和不上心。但整体而言，他们还是最受团队欢迎的类型，因为他们最有牺牲精神，有助人为乐的实质行为，能给众人带来幸福感。

在最佳的状态下，他们既能对外人的情感诉求作出准确的评估，又能通过理性的沟通和对原则的坚持，来令整个团队达成共识。他们是组织内部人性化理念的建立者、倡导者和践行者，同时也是事务顺利推进的催化剂，当具体事务在流程、制度和标准下遇到推进阻碍的时候，他们能够从“人情”的角度找到解决问题的新方法，以达到四两拨千斤的效果。

这个过程并非一蹴而就，作为长期目标和终身学习的范畴更加适宜。为了达到这个长远的目标，“凝聚型”可以在以下方面有意识地积累经验和培养能力：

- 人文社科的理论储备
- 不带道德审判的逻辑
- 明确超越情感判断的原则
- 找到处理情绪问题的方法
- 分离工作表现和个人身份
- 寻找不需要被认可的价值

在这个积累和学习的过程中切记：

理性分析不代表拒绝和否定，坚持自我不代表自私和冷漠。

第九章

探索型的“突破”与“浮躁”

· 导言

↓ 主要性格特点	↓ 主要内心冲突
· 强烈的好奇心和探索欲	· 容易轻视积累沉淀
· 在动态中找到潜在联系	· 容易感到无聊并丧失动力
· 追求开放式的可能性	· 容易轻视客观现实及具体细节
· 破坏现状以激发潜力	
· 发散思维与跳跃思维	
· 积极地展望未来	

ENTP和ENFP在荣格的术语里统称为**“外倾直觉型”**，为了照顾大多数读者，本书采用**“探索型”**进行替代。

对于“探索型”而言，**“向外探索”**和**“打破常规”**是最重要的内心需求，他们不满足于现状和表象，总是想要看到新状况的发生。世界在他们眼里充满了等待开发的领域，他们不但想看到人、事、物被隐藏的潜力，更想促使这些潜力在现实世界中得到发挥，而实现的手段通常是突破常规惯例的新尝试，甚至是进行一定程度的破坏。“一切皆有可能”是他们的宗旨，如果他们所从事的工作可以让他们最大限度地自由发挥和进行尝试，开拓出超越他们正常预设的可能性，他们将产生无穷无尽的驱动力。

他们遇到的阻碍通常是**“向内组织”**和**“积累沉淀”**，原因是他们潜意识里认为既定的事实和结果已经失去了最重要的价值——事物表象之下的潜力。对于他们来说，最吸引他们的就是“未知的惊喜”。当现实已经尘埃落定，变得没有更多可能性的时候，他们就会感到极度的厌倦和受到束缚，为了挣脱这种束缚感，他们会迫不及待地投身于更大的世界进行新的探索，进而将那些他们眼中的“旧事物”束之高阁。

另一方面，他们会因为这样的心理状态备受困扰，因为“稳定感”是人类的基本需求之一，但他们很难有效地进行内部秩序的组织，因此在心理上容易遭受无聊、浮躁的折磨，行为上则表现为难以将事情有始有终、有条不紊地做完。他们内心深处也希望稳定、有序和安宁，但过多的天才想法、外界诱惑和实际事务令他们的精力难以保持平衡，而要他们养成一种按部就班、严格自律、细心沉淀的习惯又非常困难，他们需要找到理性的内在准则，汇集向外扩散的精力。

探索型的基本特征

积极探索新事物和新模式，最大限度地开拓外界的各种可能性，容易激发人们对新事物的热情，通常比较难做到持之以恒，在面对现实细节和积累沉淀方面存在挑战。

· 典型情境

Frank | 活动策划 | 两年工作经验

每当部门承接了新的项目，Frank都会饶有兴致地研究一番，当他用各种途径了解了项目情况后，总是能迅速地看到哪些项目具有前景，哪些项目比较垃圾。但就算是垃圾项目，他也能看到有一些金子藏匿其中，只是取决于他自己有没有兴趣在沙坑里淘金。

当同事们对繁重的工作量怨声载道时，Frank似乎比其他人更能看到积极的一面：这个项目一旦做好了，未来就可以打通新板块的业务，大大拓宽另一片市场！

他知道自己并不是盲目乐观，而是大部分同事都有点短视，看不到事物发展的潜力，但他可以看到，并且乐于和其他人交流自己看到的蓝图。这通常是鼓舞人心的，每当其他人和自己交流之后得到鼓舞和启示，Frank自己也会获得更多的能量。

这种排山倒海的激情驱使Frank投身于非常多的项目，似乎到处都有他的身影。在各个项目的集思会上，他是提供创意的主力军，打破定势思维是他的强项，有时候整个团队都为他拍案叫绝。他很享受这种掌声，更期待自己的想法有朝一日可以得到实现；有时候他感觉自己已经置身于未来，在新的领域里挥斥方遒。

然而到项目具体落实的时候，Frank开始明显感受到激情在减退。面对已经转换成工作计划表和固定流程的任务，他总是有点提不起兴致，感觉有些落地的工作实在太琐碎无聊了。

“距离Deadline还有一段时间，那就慢慢来吧！”

Frank的领导似乎也非常重视他大胆的想法，几乎所有的项目都让他参与前期的谈论，并且认领部分任务。慢慢地，Frank感觉自己的日程表被塞满了，几个Deadline的交错让他感到窒息：前期的拖延是要偿还的！他开始觉得自己的身体到处出现症状，如胃痛、“鼠标手”、偏头痛……身体的疼痛令他无法好好地思考。

好在领导总会协调出人手来接手他做不完的任务，这也正合Frank的心意，他真的感觉自己对完美地落实细节没有动力。渐渐地，Frank似乎和团队的其他成员之间达成了一种无声的协议：他只参与各个项目前期的工作，后期的工作交给其他人执行。

年终的时候，Frank看着一个个项目总结，他感觉自己参与过

所有的项目，但所有的项目好像都不是自己的业绩——那些项目明显有自己构思的痕迹，但最终呈现的形式却好像和自己毫无关系。有些项目得到了公司的褒奖，但领奖人不是他，发表感言的人也不是他，赞誉给了其他人，而自己却只在团队成员名单里占了小小的一个位置。

Frank觉得很失落，他开始反思自己这一年的努力究竟留下了什么，似乎什么也没有留下，好像留下的只有那时不时发作的胃痛、“鼠标手”和偏头痛……

· 核心问题

“探索力”和“创造力”是职场乃至整个社会发展过程中非常宝贵的能力。具备“探索力”与“创造力”的职场新人，往往能凭借独特的思维和新颖的想法脱颖而出，受到企业的青睐和重视。

然而在衡量贡献的时候，“创新”却是难以量化的指标，它必须由具体的载体来呈现——如果有具体的产品，就会体现在产品的外观和功效等方面的改变上；如果没有具体的产品，就必须从产品最终的销量、市场的反馈、单位时间的产能变化等方面进行衡量。

从构思到落地，再到获得反馈的整个过程是复杂而漫长的，如果探索型人才没有在这个过程中贯彻始终，留下实干的证据，他们前期作出的贡献很容易被淹没和遗忘。渐渐地，他们可能会变得博而不精，没有积累扎实的实战经验和完整的项目业绩，从而被局限在他们感兴趣的领域——被榨干灵感和激情，却得不到最终的认可和回馈。

探索型人才对于外界项目的前景和模式经常有过人的洞察力，但这种洞察力却比较少地运用在他们的自我成长和职业生涯发展中。他们需要考虑清楚：为了开拓更广阔的未来，有什么是必须留存下来的，作为撬动未来发展的基础和支点；为了找到这个基础和支点，必须忍耐哪些枯燥乏味的事项，舍弃哪些看起来很有诱惑力的选项。

如果他们没有清晰的内在准则，没有对各种各样的可能性进行筛选，他们很可能会面临时间紧迫和精力崩溃的局面。他们很容易被席卷而来的激情驱使，被诱惑去参与新的项目，然后又在构想成型的时候迅速失去兴趣；而为了保持激情的状态，他们又会寻找新的具有潜力的事项，依此循环。在职场中，这很容易造成时间安排上的高度重叠，进而导致他们无法以最好的状态持之以恒地工作。

当他们沉浸在智力活动和奇思妙想的巨大热情中时，身体往往是被高度忽视的。在短时间内爆发出无尽的精力，对于这种状态的印象如此深刻，以至于他们会产生一种错觉，认为自己可以一直保持这种高度亢奋的状态来面对未来的挑战。但事实却是，被忽略的身体会在压力之下报复他们，令他们在需要清醒思考的时候被肉体上的痛苦牵制，进而打乱他们的工作节奏。

“精力管理”是他们很大的问题，但他们可能会误以为是“时间管理”的问题，而采用强制的时间表来约束自己的行为。这样的做法通常是治标不治本，本身他们就不喜欢受到框架的束缚，过于严格的时间表会令他们更加丧失创造的激情与动力。他们更需要保持足够的精力，在实际工作中做到张弛有度。**“创新”“沉淀”**与**“精力管理”**之间的矛盾，是他们在职场发展中的核心问题。

所有的职场年轻人都可能会有这样的心理和阶段，但在人格类型学里，ENTP和ENFP这两个类型最容易深陷在这样的境遇里，并在很长一段时期内都找不到突破口。

·“探索型”的心理摩擦力

1.喜欢提创意但不想负责任

探索型的人容易进入头脑风暴模式，在交流中不断激发出新的灵感，喜欢和别人讨论而不是自己一个人冥思苦想，把自己的设想视作“可能性”而不是最优解，对自己的设想通常并不会过度坚持。他们想看到思想的碰撞会产生怎样的化学反应，并为新的想法感到兴奋。

然而他们的兴奋点可能会止于设想清晰化的那一刻，而对后续的具体落实意兴阑珊。他们似乎认为，影响了其他人的想法就已经完成了他们的使命。为了躲避实践中的麻烦，他们甚至不介意将天才创意拱手让人，以至于他们无法积累到完整的全流程实战经验，进而限制了他们在工作中的整体提升速度。

2.跟随兴致工作而不是计划表

探索型的人更享受弹性的工作安排，能在多线程之间灵活切换。他们将标准流程和时间计划视作束缚，只要有机会，他们就会想办法逃离结构化的桎梏。在燃起兴致的时候，他们会有极大的冲劲去完成一项任务，甚至可以牺牲正常的休息时间；但在缺乏兴致的时候，他们却可能连基本的任务计划都无法执行。

如果强制要求他们按照标准动作来执行任务，他们可能会敷衍地提交一个基本不出错但毫无亮点的结果，完全发挥不了他们的正常水平。这可能导致：领导降低对他们的评价，很难放手让他们承担更重的责任。而他们也可能觉得自由自在也挺好的，并且不再积极表现和争取更高的职位。

3.启动太多项目导致精力失衡

探索型的人喜欢不断地探索新的可能性。他们可能会因为一时兴起就主动开展新的项目，而没去仔细衡量自己未来的日程安排——或者说他们根本没有明确的日程安排，他们认为所有既定的安排都是可以灵活调整的。他们可能会承接太多的工作而不自知，直到发现自己被迫卷进异常忙碌的生活之中，既丧失了他们最需要的自由空间，又承受着超出他们身体负荷的压力。这时，他们往往会对自己当初的很多选择感到后悔不已。

4.动力在完工前夕断崖式下降

即便是令探索型的人感到非常有趣的工作内容，并且他们参与了项目的全过程，他们也能明显感受到自己的热情在工作过程中起起伏伏，而不是一个比较恒定的状态。在工作成果大致成型的时候，他们可能会获得巨大的满足感，并为自己的劳动成果感到沾沾自喜，然后在临门一脚的时候突然丧失了所有的热情。在最后的阶段，他们可能会无限拖延，或者草草收场，同时开始将时间、精力投入另一个他们感兴趣的项目，最终导致已经接近完成的项目虎头蛇尾。

5.难以忍受重复枯燥的工作

如果探索型的人被安排在一个无法发挥创造性和自主性的岗位，他们可能会严重地消极怠工。重复烦琐的工作内容无法为他们提供任何与内驱力连接的部分，工作只是为了维持基本的生活收入。他们可能会一直处在得过且过的状态，对所有事情敷衍了事，并且在工作期间不断走神，工作结果处处体现着他们的粗心大意。

探索型的人对未来是积极展望的，一眼看到底的工作岗位并不适合他们，除非他们将这样的工作岗位视作自己发展其他事业的跳板，同时，他们不会对这个组织有任何的忠诚度和责任心。在这种情况下，他们在日常工作的时间段内可能会没有归属感，只会感到极度的无聊和乏味。

6.过于乐观而忽略潜在风险

探索型的人经常能看到新兴的商业模式，例如在新技术初露头角的时候，他们就能通过想象将新技术延展到商业格局的变化中，敏锐地嗅出其中的商机，思考出各种不同的发展可能性。在有机会的时候，他们总想打破常规的做法进行新的尝试，并且不惧怕走弯路，不惜花费额外成本也想要试一试不一样的做法。

然而，有时他们会对形势的估计过于乐观，不经过风险评估就作出决定并付诸行动。加上他们善于说服和鼓动他人接受自己的想法，如果他们开启了新项目却又无法持之以恒，最终可能会由身边的人承担后果，而他们则会招致合作团队的怨恨。

·“探索型”的心理调适策略

要更好地克服心理摩擦力，首先要做到一些“意识”上的转变，才能更顺利地进入到行动层面。探索型新人及其他被探索激情驱动的职场新人，可以参考以下的观点，尝试转变看问题的角度。

1.忍耐，直到参与全流程

“趁年轻多尝试点不同的工作”和“在一个确定的方向坚持下去”，一直是两种对立的声音，究竟哪个做法才是对的，给许多职场新人带来了困惑。不断尝试新工作的人会收集支持前者的声音，而坚守在一条赛道的人会收集支持后者的声音，各有各的道理，谁也说服不了谁。但其中究竟有多少声音是符合自己实际情况的，有多少声音是作为精神麻醉剂来缓解当下职业困境焦虑的，恐怕连当事人自己都未必分得清楚。

对于探索型职场新人而言，选择聆听前者的声音肯定更符合他们的心理舒适区，他们天生就喜欢自由自在和挖掘新的可能性，不希望被任何形式束缚。正因如此，他们更要警惕“多尝试”这样的观点是否会加剧自我膨胀，同时应该试着戴起严肃的眼镜来看待后者的观点，汲取其中对自己真正有价值的部分。

实际上“尝试”和“坚持”并不矛盾，落到实际的工作场景里，问题只在于个人应该怎样分配“尝试”和“坚持”的时间精力——在哪些阶段应多尝试？在哪些阶段要坚持？探索型职场新人非常适应多线程工作，对于战略规划和创新变革有巨大的兴趣，而对后续落实的工作缺乏耐心，这意味着什么？

意味着“探索型”实际上适合当领导，自己提想法和开拓新版图，然后让其他人去落实到位。

只是“当领导”这件事情谈何容易！没有足够的基层经验，就没法预测到项目的可行性和潜在的风险；没有体会过基层的困难，就没法在各个阶段激励团队，维护团队的持续稳定。回到更现实的层面，没有以他们自己作为核心骨干冠名的项目，他们根本得不到晋升的机会。如何“当上”领导才是探索型职场新人更应该考虑的问题。

这需要他们静下心来，完完整整地参与到整个项目的全部流程，当他们想放弃的时候，告诉自己：

忍耐，忍耐，忍耐！

至少要坚持到有一些项目的成果与自己是深度绑定的关系，变成自己实际拿得出手的业绩证明，成为自己一步步组建团队、带领团队以及成为更高层领导的基石。

探索型职场新人非常容易被吸引去穿插各种项目，看似获得了许多职场经验，但博而不精是他们潜在的职场风险。什么都能干但又没有形成个人口碑的话，很容易变成职场的边缘人，当裁员的大潮来临时，他们就会变成首选对象。当他们感觉自己好像积累了很多经验的时候，要静下心来列一列自己的业绩，评估一下这些业绩是否足以成为自己在职场上议价的条件。这里有几个简单的标准：

- 我是否参与过公司核心的项目？
- 我参与的项目在业界有没有影响力？
- 我在其中担任的职责是什么？
- 我在团队中的贡献是什么？
- 假设我离开现在的平台，我有把握做怎样的工作？

如果他们不选择在企业中工作，而是选择创业的话，上面的问题依然存在，除非他们本身拥有足够的资金，可以大肆挥霍、不断试错，但大多数人并没有这个条件。当然，如果他们所在的岗位不需要任何创意，朝九晚五且安全稳定，他们能够忍受“职场只是混口饭吃”的观念，在业余时间自由探索更多职业的可能性，当一个斜杠青年，也未尝不可。

2.还没长大就要养生了？

“探索型”往往拥有一颗童真的心，内心总觉得自己是“长不大的孩子”，事实上他们源源不断的创造力也有赖于他们有像孩子一样的好奇心和探索欲。年轻的时候，他们被新想法的激情席卷，可以做到头一天废寝忘食、日夜颠倒，第二天依然保持着亢奋的状态继续战斗，他们的身体里似乎有无穷无尽的精力。对于大多数年轻人来说，这都是经历过的人生体验，而对“探索型”来说尤为明显，“探索型”甚至为自己的“阴间作息”洋洋自得，感觉自己充满了生命力。

然而残酷的事实是，人的身体机能可能从二十五岁就开始走下坡路了。就算当代人的感觉是“不到四十岁都算年轻人”，但那只是精神上的自我定义，身体状况始终拗不过大自然的规律。现在“探索型”职场新人面临的是比学生时代更需要时间管理的职场，大学时那种熬夜过后第二天照常上课的日子一去不复返了。如果他们对精力管理没有重视起来，就很容易造成身体上的失衡。

“探索型”实现创意是靠激情驱动的，身体状况的变差势必会影响他们的激情，令他们陷入情绪低谷，让他们本来就不太集中的注意力变得更加涣散。“探索型”可能会对自己的无精打采感到莫名其妙，这时候他们可能会拖延手头的工作，等待新一波能量高峰的突然抵达，希望在那个时候能高效率地完成工作。在这种情况下，他们可能没有意识到：自己已经将命运交给了身体机能，如果没能妥善照顾好身体，好运根本就不会光顾。

探索型职场新人天生就倾向于忽略自己的身体状况，但到了一定年纪之后，怀疑自身身体有毛病却是常见的现象，他们最终不得不花费大量的时间和精力去填补年轻时落下的“健康债务”。对于二十几岁的职场新人来说，“注意身体”这一类的话似乎是耳边风，大家未必真的可以听进去，但类型学的理论和经验指出，“探索型”就是最该重视健康问题的类型之一（另一个容易出现健康问题的类型是“洞见型”）。

如果“探索型”已经意识到自己同时存在“挑战身体极限”和“激情减退”的问题，那至少可以尝试从健康管理的角度去思考解决的方案。至于如何能让这个过程变得丰富有趣，相信“探索型”会有自己的办法。将其作为一个值得重视的开放性课题，也会增加“探索型”日常生活的丰富程度。

“头脑风暴令我感到兴奋，别人的头脑就是我最想探寻的宝藏。我希望大家说实话、说真话，如果每个人都能大胆说出自己真正的想法，社会将能得到真正的进步。这个过程必定会经历混乱和阵痛，但真正有智慧的人不畏惧任何挑战。”

· ENTP丨开辟航道的创造者

核心动力
探索突破

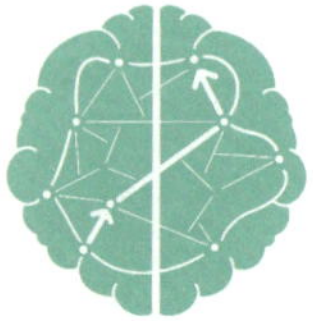

辅助潜能
系统分析

摇摆区间
关系调控

长期课题
梳理沉淀

ENTP是锋芒毕露的一群人，他们几乎毫不掩饰他们的聪明才智。他们乐观、积极、自信、幽默、能言善辩，总是在孜孜不倦地开拓新的可能性。在看到潜在机会的时候，他们会鼓舞身边的人一起加入探索的队伍。**头脑风暴**令他们感到兴奋，他们并不畏惧思想的交锋，甚至可能会刻意创造交锋的条件，只为了激荡出更多的想法。

ENTP天生习惯持续不断地吸收有趣的外来信息，并且以精简化的方式抽取不同信息的核心和框架，搭建成内在的知识体系，形成他们的知识储备。出于对自身逻辑框架的了解和确信，他们很自然地向外展现出能言善辩的一面。与其说这是一种语言天赋，不如说他们有一种科学地组织信息的习惯和方法。

在可以充分发挥创意并且能结合科学方法的组织里，ENTP会有最佳的表现，无论是在商业领域还是在科研领域，他们都是非常有潜力的种子选手，但他们完全无法忍受一成不变的工作，也不在意大量事务性的细节，他们的热情在于**“创造”**。

ENTP大胆直言，勇于接受挑战，有的人会认为他们无所畏惧。通常而言，ENTP是热情友善的，能和身边的人打成一片，言语之间妙趣横生。但也会有人对他们不自觉散发出来的好胜心有所防备，认为他们具有太强的攻击性，担心被他们卷入争辩的漩涡。

尽管**“聪明机智”**可能会是ENTP给人的常见印象，但他们更大的特点是对新想法、新事物、新兴模式排山倒海式的激情。他们可以将所有的精力一下子全部投注到他们所洞察到的机会中，作为先锋投身于学习和尝试之中，以势不可当的魄力为其他人开辟出一条前所未有的道路。

在**创新**的道路上，ENTP是所有人格类型里最突出的。在最佳的情况下，他们既拥有巨大的热情进行持续的探索，又有科学的方法和手段，将想法理性地进行研究并形成战略框架，同时还具有号召力，他们在创新方面的工作表现也经常令人惊叹。

与其工作成果形成强烈对比的是，ENTP并不倾向于以严肃认真的态度对待工作过程。他们将工作视作挖掘乐趣的媒介，如果工作变得不再有趣，他们很有可能会迅速丧失行动力。所以常见的情况是：当他们完成了令人惊叹的开头工作之后，却常常感到兴趣和热情在迅速流失，琐碎的执行令他们感到极度的无聊甚至是厌恶，以致将宝贵的成果拱手让人。

ENTP虽然看起来是合群的，享受集体氛围，但对与他人发展深入的关系可能会没有耐心，尤其是当话题总是具体的生活琐事，而不是能激发创新思维的讨论，他们可能会不胜其烦，言语间透露出嘲讽的意味，直接让人看出他们的轻蔑和烦躁。

ENTP并不是总能照顾到反应不及自己迅速的人，在他们的眼中，大多数人都不够聪明。这有可能惹怒一些自尊心较强的人，造成隐秘的针锋相对。这在职场上下级的关系处理上尤为危险，当ENTP还年轻的时候，未必能够真正看穿许多职场中人是揣着明白装糊涂的高手。

尽管ENTP看上去自信和强大，实际上他们也很重视外人的赞赏与肯定。虽然他们平时可能会在安全范围内故意挑起一些小争端来促进思想交流，但是在面对实打实的批评时，他们却会感到难受。上级的批评，可能会激起他们极强的挑战欲。他们会试图以高超的口才和尖锐的言辞压倒对方，而不是退一步，思考改进自己的可能性和维持良好的沟通。无论是对于他们本人的成长，还是对于职场人际关系的维护，这都是一种潜在的挑战。

ENTP有时候会采取权宜之计，因为对于新构想的巨大热情，会令他们有排除万难想要推行下去的欲望，但有时候他们不得不直面对他们没有信心的反对者。并不是所有人都能被他们的逻辑说服，这将变成考验他们信念感的重要时刻。

ENTP通常对人性有过人的洞察力，非常擅长解读人心，加上他们非常喜欢靠自己的聪明才智来灵活地处理问题，对规则保持轻视的态度，这给了他们说服别人的方法——通过人际关系的影响力来推行新构想。

如果ENTP的内心不够坚定，可能会不惜采取特殊手段来达到目的——例如玩文字游戏，误导别人以让别人加入自己的项目。事后无论结果是不是别人想要的，别人都可能会感觉被欺骗了，这时候ENTP将会被迫面对诚信危机。如何建立深层次的信任是他们经常要面对的问题。

“我真的很佩服那些真正有智慧的人。”

和“道德上的权宜做法”相对应的心理现象是：ENTP会发自内心地钦佩真正具有博爱精神的人，**“睿智而高尚”**是他们所追求的理想形象。他们会希望能创造出一个说真话、求真相、促进所有人思想进步的理想环境，并朝着这个方向寻找志同道合的人。

成熟的ENTP不会仅依赖激情和智谋去实现自己独树一帜的构想，积极正向的价值观将令他们的智慧更温和地辐射到更广泛的人群中，推动集体实现思想上的有效转变，并且这种转变不再是以激烈唐突的方式骤然出现。当“有效转变”这一天来临的时候，他们带有锋芒的聪明就会转变为真正的大智慧。

· 对ENTP职场新人的发展建议

1.将逻辑的“手术刀”挥向自己

ENTP对逻辑的清晰度十分敏锐，非常擅长发现人与事中存在的逻辑漏洞，并且能推断出这种逻辑漏洞可能会造成的严重后果。这种风险预判能力会令他们倾向于对别人的提案和上级的决策始终持否定或批评的态度，并且试图以逻辑缜密的说辞说服别人接受自己独到的想法。

然而ENTP最大的敌人就是自己，他们可能对自己的逻辑框架深信不疑，将注意力和精力用在排除和自己想法不一致的声音上，并且陷入和别人的辩论中，而不是花时间对自己的思维框架进行更深一步的反思、拓展和细化。如果他们的精力失衡，即便他们说服了别人采纳自己的构想，最终也可能会因为时间精力不足，导致他们对于自己想法的建构存在矛盾和漏洞。

自己的主张存在逻辑矛盾会令ENTP陷入自我认同危机，他们的自我认同通常是智商上的胜人一筹，他们很难去面对不够明智的自己，尤其是在自己的主张已经对许多人造成影响的时候。

这种情况下建议他们对自己作出以下提醒：

- 并不是我不够明智，而是我的精力被分散了。
- 为了事情接下来往正确的道路发展，我必须承认和面对此时的矛盾和错误。

ENTP不必因此认为自己是屈从了别人的想法或观点，但要分辨出自己是否有掩盖错误的动机和行为，是否有一些说辞并没有真正地遵从正确的逻辑，只是为了压倒别人和逻辑自洽。只有敢于将逻辑的“手术刀”挥向自己，才能令他们更加冷静地接近真理，以不含私心的“正确”和“精准”作为价值观指导。

ENTP对自己越诚实，越能令团队成员发自内心地信服，所制定的战略框架和创新构想也越能接近社会运作的底层逻辑，具有真正的指导价值和可操作性。

2.启动前植入逻辑初筛步骤

ENTP职场新人通常具有追求新鲜事物的冲动，这种冲动有时会导致他们在没有充分准备的情况下推进项目，忽略了详细的规划和实施步骤，从而在后续的执行过程中遇到困难。

为了避免这种情况，他们可以在提出新想法之前，引入一个逻辑初筛步骤。这个步骤的目的是在“激情”与“实际执行”之间搭建一座桥梁，确保想法在被推向团队和管理层之前，已经经过了一系列的逻辑测试。以下是常见的几个分析维度：

· 一致性

确保新构想与现有的目标、资源和公司文化相匹配。他们需要考虑新项目是否与组织的长期战略相符合，这关乎能否争取和利用到组织的资源，而非依靠个人力量。

· 可行性

评估新想法是否具有实际操作的可能性，包括技术实现、时间框架和人员配备等方面。这一步骤可以帮助他们识别潜在的障碍，在项目启动前找到解决方案。

· 经济性

对新项目的预期成本与潜在收益进行评估，确保投资回报率是合理的。这有助于他们向管理层展示项目的财务价值，获得必要的支持。

· 风险性

对于比较大型的项目，需要考虑财务风险、市场风险、法律风险和运营风险等。他们可以通过咨询相应领域的专业人士来制订相应的风险管理计划。

3.幽默而非讽刺地揭示真理

很多ENTP在日常生活中就是“讽刺艺术大师”，通常在和亲友的相处中能找到一种愉快的相处之道，别人会欣赏他们的睿智，同时因为关系的亲密和信任的基础，大家对于冒犯的言辞也有更大的包容心。

然而在职场上，这种带有讽刺意味的话语可能会显得阴阳怪气，令同事和上司感到危险和防备，担心自己遭受“无妄之灾”。职场人际关系无论在表面上再怎么和谐，实际上都是非常敏感的，大家在这个场域里背负着生存的压力，利益的得失导致人与人之间的情感联结变得非常脆弱，信任感时时刻刻都在经受着考验。如果沟通方式过于尖锐或讽刺，可能会不自觉地伤害到人际关系，造成不必要的麻烦。

“幽默”和“讽刺”是可以互相转化的，只是需要建立这种转化意识以及培养一些小技巧。讽刺通常带有辛辣且直接的性质，可能暗含挖苦或批评；而幽默则更加轻松和包容，目的是娱乐和引起共鸣。如果同样要表达和传递某种想法或观点，幽默具有更高的接受度。

幽默往往通过自嘲来展现，这不仅能够缓和气氛，还能够显示出自信和开放的态度。如果ENTP习惯使用讽刺他人的语言，那么尝试加入自我调侃，这样可以降低尖锐度，让人感觉更加亲切。

在使用幽默话语时，注意不要伤害到别人的感情，确保自己的幽默不是以别人的不幸或缺点为代价。同时注意听众的反应，如果他们对某个笑话的反应不佳，那么下次就避免使用类似的内容，学会根据反馈来调整幽默策略。

ENFP

“别人总是说我像个‘小屁孩’，我不确定这是不是一种夸赞。这世界永远都有值得探索的领域，我保持了比别人更多的好奇心，但我知道自己远远比大家看到的要更聪明和成熟，我能捕捉趋势和引导他人。当我真正想做好一件事的时候，没人能比我做得更出彩。”

· ENFP | 无限探索的梦想家

核心动力	辅助潜能	摇摆区间	长期课题
探索突破	贯彻信念	管控推进	梳理沉淀

ENFP将生活视作一场大型开放的世界游戏，包含着无穷无尽的可能性。他们始终保持着**童心**，对未来持积极乐观的态度，享受自由探索带来的乐趣，并且鼓励身边的人一起投入对未来的展望。

他们通常是活泼、真实和轻快的，充满了好奇心，经常产生天马行空的想法，并且会制订计划和采取行动来让想法变成现实。他们的生活充斥着大量有可能创造美好体验的待办事项，他们也对即将到来的美好满怀期待。

他们可能**多才多艺**，当兴趣被点燃的时候，会有一百二十分的热情去学习当下感兴趣的才艺，然后又迅速被其他有趣的事项吸走注意力，最终可能会显得有些博而不精。他们乐于展示自我，享受掌声和表扬，需要别人的夸赞，也懂得如何夸赞别人，在取悦他人的同时也能取悦自己。

ENTP更享受智力的挑战，他们的才能大多体现在战略思维或硬核的技术上。而ENFP的才能则更多体现在艺术、传媒、宣传、策划、教培等领域。他们更能享受和“人”的交互，享受影响他人的过程，能看到别人身上的潜能，也乐于激发出别人的潜能，鼓励他们追求梦想。

在职场上，ENFP经常是广受欢迎的伙伴。他们通常能适应**多线程工作**，也能很好地适应团队合作，并且能在积极的交流和讨论中吸收别人的想法，启发他人创造性地解决难题。单一重复的工作会令他们感到枯燥乏味，长期的事务性工作可能会令他们分心走神，难以保证工作质量。

在有活力的工作环境和有一定挑战性的赋能之下，他们可以是非常积极努力的员工，甚至为了工作废寝忘食，能够团结队伍并肩作战，发挥强大的团队激发能力。他们既可以是配合人员，也可以是团队主心骨，能够适应的岗位角色非常灵活。

但如果组织结构僵化，令他们看不到未来的发展，无法让他们有发挥的余地，他们也可能是最懈怠的一群人——十分懂得见缝插针地偷懒。他们明白要为自己而活，而不是为工作和组织而活。

在具体的工作中，他们可能会遭遇到上司的偏见。在欣赏他们的人眼里，他们是有创意、有想法并且有推动能力的；但在不欣赏他们的人眼里，他们可能是过于幼稚、天真和不可靠的，这里面有一部分原因是他们的外在形象带来的偏见——始终散发着长不大的童真气质。这种气质在生活中是非常宝贵的财富，但在一些职场人的眼里就是不靠谱的证据。也有一部分原因是他们的性格——对细节缺乏耐心而导致的粗心大意。这可能会对ENFP的职业发展道路造成阻碍，如果没有遇到足够赏识他们的领导，他们可能长期不被委以重任。

他们通常是有强大的说服能力的，如果组织长期无法尊重员工的意志，他们可能会成为秘密反对联盟的潜在头领，走向和组织进行隐秘对抗的道路。在这种情况下，他们会赢得同事的喜爱和信任，但会失去上司对他们的信任，从而将自己放置在非常危险的境地中。

另一方面，ENFP自由随性的性格，也可能导致他们默默抵制承担责任。虽然他们拥有担负重任的潜力，但对绝对自由的向往可能会令他们没有动力去表现和争取应有的职位和权力。

然而，他们的内心通常都有证明自己能力的渴望，就像小孩子想证明自己是个大人一样的童真心态。他们也像小孩子一样，非常需要外人的鼓励、支持和认可。如果得不到认可的话，他们可能会迅速泄气，回到一心想着自由自在的状态。

他们喜欢广泛地吸收新信息，无论是从交流中获得还是从互联网上获得，又或者是以其他不为人知的方式。出于对探索新大陆的无尽热情，他们通常会积累出非常多的信息收集渠道，令自己在新鲜的信息海洋中遨游。遇到自己感兴趣的领域，他们会自发地开启新项目，兴致勃勃地想要将想法快速实现。

需要警惕的是，过多的待办事项可能会令他们陷入“看不到尽头”的忙碌状态。他们会经常陷入选择困难的状态，选项过多以至于他们感到迷茫，然后他们可能会不按原有的计划行事，而是按纯粹的心意来选择待办事项的优先级别，进而致使时间和精力上的管理失控，最终导致做事虎头蛇尾。同时，他们的生活习惯和身体状况也是值得忧虑的问题，因为他们头脑世界的优先级别远远超过了现实世界，以至于他们往往难以照顾好自己的日常生活。

当ENFP找到自己愿意全身心投入的领域，和自己的内在价值观形成深度联结，他们就不再是到处涉猎的游戏玩家，而是能够有规划、有节奏、有魄力地将他们的奇思妙想带到现实世界，他们的才华将被巨大的内在信念聚焦，引导他们成为真正的梦想实现大师。

· 对ENFP职场新人的发展建议

1.弄清楚自己的价值观体系

ENFP习惯了随心而动，对吸引自己的新事物、新想法产生巨大的激情，凭借激情开启和承接新项目、新任务。但如果ENFP没有形成清晰的价值体系，将会面临“三分钟热度”的问题——今天对这个事情有感觉，明天就没感觉了。这时候工作就仅仅是为了责任，一切将变得索然无味，无法发挥ENFP最大的效能。这需要ENFP腾出一定的时间，更深入地追问自己的感觉来源，警惕为了重新点燃自己的激情而一味地寻找新鲜有趣的信息。ENFP可以沿着以下类似的思路进行自我提问：

- 我为什么会觉得没有冲劲？
- 为什么一开始觉得很有趣，现在却觉得很无聊？
- 有趣的地方是什么内容？
- 反映了我内心哪些价值观和需求？
- 在这些价值观和需求里，排列的顺序是怎样的？
- 无聊的地方是什么内容？
- 反映了我内心哪些不想要的因素？
- 在这些因素里，哪几项是我完全无法忍受的？

通过一系列的追问，ENFP会越来越清晰地知道动力的来源，以及阻碍自己持续做下去的深层原因。尽管影响动力的因素可能内外兼有，但这时候要尽量地向内归因，才能弄清楚内心长期的诉求，以稳定的内核去面对不同的外界变化。每过一段时间，通过这种深入的自我探索，他们可以更好地理解自己的动机，并将这些价值观与日常工作联系起来，逐渐明确人生方向。

2.明确筛选任务的原则边界

ENFP不但对新事物充满好奇，而且还热情友善，这使得他们容易接受过多的任务和责任，这种过多的任务和责任可能会导致时间管理出现问题和工作效率下降。

为了更有效地管理自己的时间和精力，他们需要学会设置清晰的界限，学习评估每个新任务的价值和紧急性，可以通过问自己一些问题来实现这一点，例如：

· 这个任务是否与我的核心价值观相符？
· 我是否有足够的时间和资源来完成这个任务？
· 这个任务是否会对我的职业发展产生积极影响？

通过提出这些问题，他们可以更好地决定是否接受新任务，然后对手头上的事项进行优先级别的排序，识别出哪些任务是最紧迫和最有影响力的，将它们放在首位，优先完成最重要的任务。这样可以确保他们在有限的时间内完成最关键的工作，而不是完全遵循着心意和感觉行事。

另外，他们应该学会拒绝那些超出能力范围的任务。他们可以在生活中提前进行练习，注意自己是否存在迁就和讨好的举动，注意在社交活动中自己该怎么让别人接受自己拒绝的信号，并将相似的经验应用到工作中。

3.为枯燥的坚持添加兴奋点

当ENFP面对重复性和缺乏创造性的任务时，可能会感到乏味和动力不足。为了避免这种情况，他们需要采取策略来为工作增添乐趣和挑战。

将工作变成游戏是提高工作动力的一种有效方式。例如为自己设定一系列的小目标和奖励机制，在完成一项特定任务后奖励自己一顿美食或者一次短途旅行，奖励的内容由自己来制定，就像在设计游戏系统一样。此外，他们还可以与同事展开友好竞争，但竞争的内容最好是在业绩考核范围之外的，不会因此损害彼此的利益。该竞争只是为了增添激情和活力，共创团队内部良好的氛围。

如果所从事的工作实在没有可供创新发挥的余地，他们也可以尝试用创新的方式来完成任务。如果他们负责的是数据输入，可以尝试使用自动化工具或模板来简化流程，或者使用探索性数据分析的新方法来为报告增添深度。在处理文档工作时，使用视觉思维工具来组织思路，或者尝试用不同的演示软件来增强演示效果。这个过程可能会暂时令他们的工作效率降低，但长久来看却可以维持工作的热情。一旦尝试出提高工作效率的新方法，就能腾出更多能够自由支配的时间。

·“探索型”的中长期职场画像

“探索型”的职场成长过程，是在**“无限挖掘潜力”**和**“持续积累沉淀”**的矛盾中进行的。他们既可以是新兴领域的开辟者，成为引领潮流的先锋部队，也可以是玩世不恭的探险家，浅尝辄止而最终一无所获。他们需要创造出一套可持续发展的后勤保障系统，令他们的成果得以延续和保留。

在最佳的状态下，他们是创新和变革的巨大力量。他们不但能敏锐地看到外界存在的联系、模式和可能性，并且能抓住时机促成可能的事情在现实中发生，还能持之以恒地细化和落实，同时进一步拓展更大的可能性，令新的灵感和旧的经验互相产生化学反应，有条理、有秩序、有原则地改变现实世界，将天马行空的想象力最终转化成实际的成果。

这个过程并非一蹴而就，作为长期目标和终身学习的范畴更加适宜。为了达到这个长远的目标，“探索型”可以在以下方面有意识地积累经验和培养能力：

- 经验积累意识
- 养成复盘的习惯
- 精力管理意识
- 训练秩序感
- 养成记录的习惯
- 训练专注力

在这个积累和学习的过程中切记：

持之以恒，贯彻始终。

第十章

应变型的“机敏”与“草率”

· 导言

↓ **主要性格特点**	↓ **主要内心冲突**
· 现实主义的生活态度	· 容易忽略长远的后果
· 本能地响应环境刺激	· 容易轻视深层次的关联
· 活在当下且顺其自然	· 容易陷入对未来的恐惧
· 灵敏且客观地观察	
· 快速适应周边环境	
· 合理利用环境资源	

ESTP和ESFP在荣格的术语里统称为**“外倾感觉型”**，为了照顾大多数读者，本书采用**“应变型”**进行替代。

对于“应变型”而言，**“即时反馈”**和**“尽情参与”**是最重要的内心需求，他们是完完全全活在现实感官世界的人，和目之所及、耳之所闻的世界进行积极互动，随机应变，顺势而为，在物理环境中挖掘各种乐趣，似乎天生有种享乐的倾向。“快乐地活在此时此刻”就是他们的宗旨，至少在他们年轻时会被高度地信奉。如果他们所从事的工作可以让他们灵活地处理事务，有偷闲享乐的空间和余地，并且能得到及时的物质回馈，他们将产生无穷无尽的驱动力。

他们遇到的阻碍通常是**“深度内省”**和**“长远考虑”**，原因是他们潜意识里认为可以真实接触到的世界才是真实的，此时此刻才是真实的，永恒是不存在的，未来是不可控的。所谓的概念、理论、规律都不过是前人经验的产物，前人的经验不代表适用于他们和当下的情况，而精神、心灵、潜意识则更加神秘莫测，对虚无缥缈的事物进行探索就像在浪费时间，除非有切实且科学的证据，并且在他们身上能快速地产生效果，他们才会认为确实值得相信和尝试。

从某种程度来说，他们虽是乐观的现实主义者，但又对未来隐约抱持着悲观的态度。这种对于“不可预测”的隐忧会随着年龄的增长而逐渐滋长，神秘高深的领域会令他们产生敬畏甚至恐惧的感受。他们可以感知到宇宙和生命似乎确实存在某种真相，这个真相令非常多的事情都沿着既定的轨道发生，但以目前的科学水平并没有办法进行合理的解释，他们也没有办法通过自己惯用的方式来掌控命运发展的航道。在工作和生活中，这种隐忧容易转化成只争朝夕、不看将来的态度，阻碍他们的长远发展。他们需要明确自己的价值观和内在准则，并以此作为他们可持续发展的导航仪。

应变型的基本特征

最大限度地尊重现实，适应变化，享受当下，在具体情境下通常反应迅速和热情活跃，然而容易忽略长远的后果和深层次的意义，在面对抽象的精神领域方面存在挑战。

· 典型情境

Allen | 产品设计师 | 三年工作经验

每次开部门例会的时候，Allen都觉得很懊恼。领导总爱说些虚无缥缈的战略方针，他实在搞不懂意义何在，今日不知明日事，说不定一个月后在场的人都不在公司了呢！

他只想听到更具体一点的信息：要做什么？应该怎么做？什么时候完成？有什么资源可以利用？做完有什么实际回报？每当领导开始讲“大道理”，他都几乎脱口而出：

“领导，不要洗脑了，赶紧让大家干活吧，我今晚可不想加班！”

事实上，在不同场合，他也确实不止一次将自己的想法脱口而出，无论是对领导、同事还是对客户，话说出口他才懊恼起

来：刚刚好像说错话了。不过通常他马上就可以把话给圆回来，然后松了一口气：真的好惊险！应该没什么问题吧？

有时候他会佩服自己还挺能胡说八道的，就算是胡说八道，大家和他的关系也都挺好，说不上毫无摩擦，但至少能感觉得出大家待在一起挺开心的。

“大家都只是出来混口饭吃，开开心心最重要。”

在工位上，Allen觉得百无聊赖，面对操作界面和产品设计图，他实在是没什么激情。前几次做出成品的时候确实还挺开心的，但做得多了感觉也就那样，成就感又不能当饭吃，做多做少拿的工资也差不离。既然如此，为什么还要努力工作？

看着那些充满激情埋头苦干的同事们，尤其是那些对职业未来充满期待的后辈，Allen经常觉得他们有点傻：

“这是被公司PUA了吧？公司画的‘大饼’你也相信？”

年底的时候，部门领导找Allen进行绩效面谈，问他对来年有什么规划和期望，Allen又是脱口而出：“少点加班，多点钱！”

他看到平时严肃的领导忍不住笑了，觉得这场谈话开了个好头。

随后领导又问：“怎么实现这个目标？”

Allen马上回答：“那就是公司要想的事情了，我一个打工人哪里能考虑得了那么多。”

领导继续问：“那你认为自己最有价值的地方在哪里？”

Allen思考了一下，说：“我比以前更有经验，现在做事的速度比以前更快。”

领导：“那你愿意参与更多项目来拿更高的薪酬吗？”

Allen：“领导，你这是给我挖坑吧？实实在在地说，增加的工作量折算成时薪是多少？”

工作这几年，Allen觉得自己已经摸透了职场生存法则：不要相信任何“大饼”，除非给到明确的承诺。自己分内的事该做的就做，不该做的想办法也要推走。广东有句俗语：长命工夫长命做。工作是永远做不完的，不如按照自己的节奏来。

Allen对自己的生存法则深信不疑，他察觉出领导对他很无奈，但他也对领导感到很无奈。回到平时的工位上，他无心工作，开始认真思考自己最有价值的地方到底在哪里。Allen越想越觉得，自己似乎并没有什么过人之处。

未来会是怎样？人生的意义是什么？他以前从没想过这些问题，现在却不自觉地陷入沉思。突然之间，一种莫名的恐惧向他猛烈袭来。

· 核心问题

“但行好事，莫问前程”，自古以来就是民间的智慧。人的本性中始终有追求快乐和安逸的一面，那是刻在我们基因里的。我们不需要思考，就能感知到这种自然的状态对我们的吸引。

有一些职场新人的人生观核心就是“及时行乐”，这本身并没有什么应该被指摘的，追求安逸和享乐本来是没问题的，但如果把这种人生观放到职场的环境里面，就变成了一个生存适应的问题。大多数人将近一半的人生时光都会耗在职场里，如果工作本身不能给自己带来快乐，那所谓的“及时行乐”就只能是在夹缝之中钻营取巧，大部分时间都只是在忍辱负重。

在类型学的镜头里，命运对不同类型的人是非常公平的。重视当下的人通常更机敏和现实，非常容易适应环境，找到环境之内的生存法则。然而相应地，这类人也比较容易缺乏深度的内省和宏观的视野，“顺势而为”和“随波逐流”只是一线之差，他们最容易在洪水中生存下来，也最容易被洪水带走。

从某种程度上来说，他们容易产生一种感觉，认为自己掌控了生存的本领，但实际上他们的视野容易受到环境束缚。他们如果不能站在最高点俯瞰人生全局，找到人生的意义，就容易被当下的环境给困住，感觉生活在一步步走向空洞和虚无。

他们未必没有这样模糊的觉悟，只是对于现实主义的他们而言，进行这样的深度思考似乎缺乏价值。他们认为这样的“大道理”在企业中被提出来，不过就是洗脑的说辞，没有实际的意义。

诚然，他们的上司并不一定真的完全相信宏观的战略布局和有关人生意义的“心灵鸡汤”，管理者的动机通常是复杂的，既包含了真正的职场智慧，又包含了政治目的。

当机敏应变的职场新人不加掩饰地表现出抗拒洗脑和功利色彩的一面，可能会直接被上司认为不可重用，他们会被视作机动安排的备选人员，而不是值得培养的核心骨干。然而对这类职场新人而言，最需要的就是“平台”，他们有适应环境和随机应变的能力，这在不同的岗位都是非常宝贵的素质，问题在于如何才能进入更高的平台。他们需要学会在看似洗脑的话术里提炼出有用的价值，让自己看得更高和更远，主动去抓住改变命运的机会。

所有的职场年轻人都可能会有这样的心理和阶段，但在人格类型学里，ESTP和ESFP这两个类型最容易深陷在这样的境遇里，并在很长一段时期内都找不到突破口。

·“应变型”的心理摩擦力

1.很难进入专注模式

他们往往对身边发生了什么一清二楚，这为他们的快速反应和控制场面提供了基础，所以他们通常显得非常敏捷和灵活，处理发生在身边的紧急情况游刃有余。然而他们因为无时无刻不在观察、体验和融入现实环境，可能会感受到自己很难将注意力集中到一件事上，尤其是那些需要梳理想法、整合想法、提炼想法，以及归纳盘点、精细核对、精雕细琢的工作，这些工作内容会令他们感到特别烦躁。

2.很难为工作暂时放下享乐

他们往往非常热爱生活，享受各种新鲜的刺激和休闲舒适的生活体验，且通常会将这种生活状态带到工作之中：自发组织下午茶，一时兴起地聊天，发起即兴的搞笑演出，播放最新的音乐……他们舒缓了整个办公氛围的严肃感和紧张感，为办公环境创造了快乐的氛围。

然而这种生活方式可能会招致管理者的不满，将他们视作不务正业和扰乱工作秩序，认为他们带坏了组织的风气，而他们可能会无视这些批评背后潜藏的影响，只是单纯地将批评者视为“发神经”。

3.容易心直口快而不顾后果

他们通常性情耿直，行动之迅速，经常超越他们的大脑思考的速度，最常见的表现就是“嘴巴比脑筋动得快”。一方面，他们非常善于察言观色，能迅速捕捉到别人细微的变化；另一方面，他们可能会不假思索地根据捕捉到的线索作出快速的回应，这种回应近乎本能反应，以至于他们难以退一步考虑到更大更完整的背景信息。

这会导致他们容易因为过于心直口快而暴露出一些真实的想法，而那些想法从长远和大局来看，可能是不适合在那一刻说出口的，进而导致陷入极度尴尬的局面。诚然，他们通常拥有强大的应变能力来迅速扭转这种尴尬的局面，但也容易埋下祸根，将关系搞坏或将事情搞砸。

4.对战略规划嗤之以鼻

对于现实主义的他们来说，动辄就是三年、五年、十年的战略部署太过遥远了——谁知道将来的世界会变得怎么样，说不定明天就出什么意外了呢。这种想法会令他们对宏观政策毫不关心，开那么多会、说那么多听起来“假大空”的话，究竟对当下有什么用呢？这种“只争朝夕”的现实主义会令一些人认为他们短视且肤浅，领导可能会觉得他们“思想觉悟不够高”。

5.对规章制度感到抵触

他们对自由行动有比较大的需求，在学生时代就不太适应传统的课堂教育，但通常会对社会实践活动充满兴趣，擅长在实践中学习而不是遵循学校的规定和书本上的知识。这种风格会延续到职场，令他们抵触组织的规章制度和强硬的时间安排，在封闭的环境里静不下心好好做事，更喜欢外出公干。他们如果需要长期坐在办公室处理各种日常事务性的书面文件，可能会觉得毫无乐趣甚至无法忍耐，因此便会在工作中频繁寻找娱乐的机会，从而招致一些同事和领导的不满。

6.感觉自己一无是处

正如上面所说，他们不太适应常规教学，需要在实操中成长，这可能会导致他们在早期学习上存在困难。如果他们从事的行业涉及仪器观测、手动操作、运动、表演等与感官活动高度相关的内容，他们在技能培训课程和早期的职场实践里就可以快速地上手；但如果他们从事的行业需要涉及理论研究、策划与规划、精细管理等比较抽象的领域，他们可能会有很长一段时间的经验积累期，才能“实践出真知”。

这可能会令他们的实际潜能被周围的人低估，他们如果没有足够的耐心和意愿去争取实践的机会，可能会误认为自己什么都做不好，觉得自己光有小聪明，实际上很愚蠢，进而陷入情绪低谷。

·“应变型”的心理调适策略

要更好地克服心理摩擦力，首先要做到一些“意识”上的转变，才能更顺利地进入到行动层面。应变型新人及其他习惯顺势而为的职场新人，可以参考以下的观点，尝试转变看问题的角度。

1.“短期快乐”和“长期幸福”

为什么有的人表现得很快乐，却突然传来罹患抑郁症的消息？

相关的新闻在当今社会已经不是什么新鲜事了，相关影视作品也令大家对这种现象更加地理解。但当这样的事情发生在自己身边的时候，那种震撼程度丝毫不减，因为大家并没有办法从上帝视角看到这些人喜怒哀乐的全貌，对他们的印象被洒脱、爽朗、热情和笑声给掩盖。

这里面有非常多的因素和可能性，现在从一个最简单但也最普适的角度进行阐述：什么是快乐？什么是幸福？

从某种意义上来说，幸福包含了快乐，快乐却囊括不了幸福。从心理学的角度来看，“快乐”是一种积极的情感体验，通常和愉悦、满足以及笑声等情绪反应相关。快乐短暂易变，并且和特定的情境相关，离开了情境的刺激，快乐就消失了。

而“幸福”则是一个更复杂和深层的概念，“积极心理学”代表人物之一马丁·塞利格曼提出了“幸福感”的五个关键要素：积极情感、投入、关系、意义和成就。其中，只有“积极情感”和快乐本身高度相关。要感到“幸福”，更重要的是要提高生活的整体满意度并找到生活的意义。

从生物学的角度来看，“快乐”通常和大脑奖励系统的活动有关。当我们体验到快乐的时候，实际上是多巴胺和其他神经递质在给我们带来快感，并且鼓励我们重复那些给我们带来快乐的行为。而“幸福”则涉及大脑中更为广泛的神经网络，包括负责“决策”和“自我控制”的前额叶皮层，以及与“记忆”和“情绪调节”相关的海马体。

这意味着“快乐”通常与寻求环境和情境下的刺激、快感有巨大的关系。这是“应变型”非常熟悉的领域，找到快乐的感觉几乎是信手拈来。然而“幸福”则涉及寻找意义、长期规划和沉淀记忆，这就是“应变型”最容易忽视甚至是排斥的领域。

人格类型学和积极心理学的交叉部分，解释了“应变型”为什么看起来通常是快乐的，却经常感觉到不幸福，甚至产生抑郁的倾向。如何解决这个问题？大概有这样几个方向：

- 享受社交活动的同时，培养深入的朋友关系。
- 追求新鲜体验的同时，投资个人长久的发展。
- 定期反思，定期复盘，定期进行自我探索。

当负面情绪已经严重影响到睡眠、工作和生活的时候，要积极寻求专业人士的帮助。面对内心矛盾或许并不是“应变型”擅长的领域——专业的心理医生可以帮到他们。不要认为自己不可能罹患抑郁症，经验上的事实就是：看起来快乐洒脱的“应变型”非常容易被抑郁捕获。

最后，不要忘记感恩，感恩是构建“幸福感”的重要部分。当“应变型”开始珍惜身边的人和事物，他们会发现幸福就藏在日常生活的点点滴滴中。

2.“有招式”和“有架势”

“应变型”通常不轻易放过当下环境的每一个体验机会，这是一种非常难得的天赋。他们在动态的环境里不容易陷入过度忧思和精神内耗，而是能快速地响应和直接地解决问题，有一种直捣黄龙的魄力。

武侠小说里的“无招胜有招”是最高的境界之一，但这种境界和“胡搅蛮缠”也只是一线之隔。其中的区别在于“无招胜有招”其实是有丰富的经验积淀以及理解了招式的本质，在这个基础上所作出的随机应变；而“胡搅蛮缠”就纯粹是一种本能的反应，俗称“乱拳打死老师傅”。虽然都是在解决问题，但所有人都会钦佩和信任前者，而对后者则是一种调侃的态度。

在初入职场的时候，“应变型”可能是反应式的，跟随着环境的变动而变动，并且认为自己能足够灵活和聪明地解决各种乱七八糟的问题。但仅仅依靠反应式的行动是必然不够的，他们需要先学会“招式”，并且在必要时展现出自己的架势。

“招式”是指行业通用的套路，“应变型”可能会排斥学习既定的套路，但套路之所以会流传下来，一来是因为它确实在实战中被验证有效，二来是它隐含了行业默认的“专业度”属性：

用怎样的流程、说怎样的套话，会让人觉得“应变型”是“上道”的人，暗中提高了交流的信任程度。当然，“应变型”要注意不能过于套路，那样子会显得他们很油腻和不真诚，要逐渐在套路中形成自己的风格。

“架势”是指个人展现出来的综合形象，在关键时刻能够展现出自信、稳重和决断力。在面临重大决策时，一个有架势的人不会匆忙作出决定，而是会先听取团队成员的意见，分析各种可能的结果，然后基于数据和经验作出最有利于项目的决策。在处理紧急情况时，有架势的人也能够展现出冷静的形象，知道何时该坚持原则，何时该灵活变通。

此外，“架势”还体现在个人的职业形象上。一个总是衣着得体、言谈举止得当的人，更容易赢得他人的尊重和信任。当然，“架势”并不意味着要刻意制造距离感或者不可接近的形象。相反，真正有架势的人懂得如何与不同的人建立起良好的关系，在保持自己权威的同时，又不失亲和力和同理心。

“招式”和“架势”相辅相成，缺一不可。在职场中，一个人如果只有“招式”而没有“架势”，可能会被视为不够成熟；如果只有“架势”而没有“招式”，则可能会被视为虚有其表。“应变型”只有经历过这两者的学习，才能最终“无招胜有招”。

“哪来那么多问题和顾虑，没有什么突发情况是不能靠灵活的大脑来解决的，最重要的能力是察言观色、随机应变。生活就像一场大冒险，总会有高潮和低谷，但只要充分地享受速度与激情，就能做到逆转乾坤。”

· ESTP | 勇于冒险的行动派

核心动力 即时反应

辅助潜能 系统分析

摇摆区间 关系调控

长期课题 深远觉察

ESTP是高度现实主义的行动派，牢牢地抓住**“活在当下”**的原则，全身心地参与到现实的世界。他们通常拥有非常敏锐的观察力，能够清晰地注意到周边发生了什么事情，有什么可参与的活动和可触及的物质，能快速地融入环境并找到乐趣所在，并和大家打成一片，鼓励大家一起享受当下。

他们经常给团队带来快乐，但并不是纯粹的享乐主义者。对于解决具体问题，他们足智多谋，经常能够创造性地解决问题，而不是遵循已有的规则和经验。在面对突发情况的时候，他们是那些能快速控制局面和找到解决办法的人，在博弈和周旋之中找到对策，灵活地化解一场场危机事件。

他们不习惯事前的准备，而是相信自己的应变能力，**“兵来将挡，水来土掩”**，有时会为了解决问题铤而走险，肾上腺素的刺激令他们乐于接受一次次有难度的挑战，而且很多时候他们确实都能化险为夷——至少在当下看来，并没有出什么幺蛾子。

由于非常擅长捕捉动态的细节，他们经常能捕捉到别人表情和肢体语言上的细微变化，这种卓越的天赋能在对待客户时发挥极大的作用，找准出击的时刻。然而，在面对自己人时，这种天赋却可能给他们造成困扰。有时候他们会过于捕风捉影地分析领导和同事的肢体语言而得出错误的结论，担心别人对自己作出不好的评价。

通常而言，他们拥有非常高的**谈判潜力**，善于抓住人性的弱点，说服他人以最有利于己方的条件来达成协议。然而并不是每一个ESTP都会有足够的知识储备和语言表达能力，他们通常并不适应传统的教学环境，对技能的培养更多源于生活的实践。如果他们没有积累充足的经验和建立清晰的个人原则，诡辩和糊弄可能会变成他们的惯用伎俩，造成诚信上的危机。当别人对他们的临时处理方法提出长远的担忧时，他们倾向于认为那是杞人忧天。

“哪有那么严重，真有什么问题到时候再解决就是了。”

考虑长远情况是他们的短板，他们倾向于认为未来是完全不可知的，只有每一个当下才是真实的。他们临场发挥的能力卓绝，但被领导认为缺乏远见是常见情况，进而阻碍了他们的晋升之路。

除此之外，他们也并不总是那么积极地面对工作。当没有突发情况需要处理的时候，在日常事务中他们可能会显得百无聊赖，时不时地想在工作的间隙中找点乐子，拖延工作的节奏。如果他们的上司没有充分的慧眼将他们安排到合适的岗位，他们可能会被认为是组织里最懒散的人之一。事实上只要出现新的情况，他们就能够随时快速地进入工作状态，并且以超高的行动力完成任务。

他们不喜欢被钉死在办公室的小空间内，更享受外出公干。他们在灵活和变化的环境里可以获得最大的驱动力，既能自由地发挥自己的才干，又可以体验不一样的环境氛围。

同时，他们富有强烈的冒险精神，懂得如何在规则的夹缝里获取额外的利益，在灰色地带中游刃有余。然而这种自由灵活的作风，在一些人的眼里可能会被视作投机取巧。

他们虽然不倾向于做长远的规划，但是对于长远的束缚却有出奇的嗅觉，能感知到什么事情可能会令他们失去自由，陷入无法挣脱的麻烦，并且极力避免自己陷入这样的“陷阱”。

一旦嗅到这样的风险，他们会毫不犹豫地直接拒绝，给人一种不愿承担任何长期责任的感觉，其中就包括了承担领导的责任。尽管他们极强的魄力和高度的灵活性是非常难得的领导潜力，但主观上他们通常并不乐意当领导，除非将他们管理团队的责任降到最小，以实战的业绩作为导向。

对于自己的真实感受，他们通常是比较迷茫的。他们遵循的现实主义原则会令他们的行事作风呈现出明显的功利导向，但是短期利益并不能真正满足他们内心深处的情感需求。他们比较难察觉自己正在经历不快乐，因为用他们的逻辑来解释的话，他们理应是快乐的。他们偶尔会感到空虚和茫然，尤其是在受伤、生病，或者随着年龄增长身体状况变差的时候，巨大的恐慌容易将他们席卷。

在最佳状态和合适的平台下，他们最容易成长为谈判高手、公关专家和出色的商务人员，丰富的经验和深度的思考内化成他们冲锋陷阵的基础，他们能以过人的胆识、机巧的智谋和随性的生活态度，赢得众人的钦佩和喜爱。

· 对ESTP职场新人的发展建议

1.明确自己的职场生存逻辑

ESTP非常善于适应环境，能够快速找到在职场的生存之道，并有一套自己非常明确的行事逻辑。但如果这套逻辑仅仅和生存、物质以及金钱挂钩，ESTP容易以牺牲诚信为代价，过多地采用权宜之计，忽略长期的影响和后果。

为了保证职业生涯长期的安全稳定，他们可以在闲暇的时候梳理自身的价值观。这并不是一件毫不费力的事情，ESTP更擅长在具体的事件里梳理逻辑，但对完全抽象化的逻辑思考通常并不感兴趣。

此时可以借助一些专业的咨询和工具，例如向专业的职业生涯规划师咨询，又或是通过霍兰德职业兴趣测试、WVI职业价值观测试、职业锚测评工具等，形成一份具体的材料文件，再在此基础上进行二次思考。这些材料只是帮助他们进入深度思考的状态，并不是要依据此报告结果来行事。一旦有了这些基础性材料，他们可以在思考的过程中理清自己的行事逻辑。

与其说这是提供了一份指导性文件，不如说是让他们的思维得到锻炼，逐渐令几乎自动化的快速反应与他们的长远利益达成一致，让他们不会轻易地被环境的刺激影响，减少冲动所带来的不良后果。

2.主动争取沟通谈判机会

ESTP天生对于具体情境下的形势变化有敏锐的嗅觉，透过眼神、动作、语气等方面即可对其他人有快速的理解，并且作出迅速的回应，在别人眼里有些惊险的情形反而会激励他们，令他们更加积极地应对挑战。当ESTP被安排在合适的位置，往往可以非常出色地完成艰难的任务。但随性的个性却导致他们并不倾向于主动去承接任务，也不愿意承担责任。相比较“事业的高峰”和“快乐的生活”，他们通常更倾向于后者。

如果ESTP有意愿在职场走得更高、取得更多的报酬，就必须要有主动意识。他们要主动争取更多沟通和谈判的机会，通过积极参与项目讨论、团队协作以及和客户沟通来提升自己在职场上的能见度，无论是在正式会议中发言，还是在非正式场合中建立人际关系。

同时，ESTP也可以学习一些基本的谈判技巧，例如怎样提出有说服力的论点、如何处理冲突等。

有了大致的概念和框架之后，ESTP能很轻松地根据自己的行事逻辑进行内化，并形成自己的招式和套路。通过有效的沟通和谈判，ESTP能够建立起强大的人际网络，随时找到潜在的商业机会或职业发展机会，并变成自己在社会立足的有效筹码。

3.以开放心态接触心灵深海

ESTP和ESFP是所有类型里最倾向于活在当下的，认为一辈子太长久，只争朝夕；ESTP也是相信可以触及物理层面现实的一类人，视哲学、心灵、宇宙奥秘等领域为虚幻，认为这些虚幻难以在现实中被证实，甚至似乎永远无法被证实。但正是ESTP倾向于贬低、忽视这些敬而远之的神秘领域，为他们的人生意义提供了探索的方向。他们在真正接触神秘领域之前，可能会倾向于认为人生是没有意义可言的。随着年龄的增长，“宿命感”可能会困扰他们，他们如果对上述领域没有基础的认识，就可能会陷入某种宗教式的迷信。

直接阅读高深晦涩的书是一件比较困难的事情，但生动有趣的科普读物和科普视频可以大大降低心理门槛。ESTP并不需要执

着于“吃透”，只需要知道有不同的观点和信息，拓展看待世界的视野，能灵活切换看待问题的视角，不受限于感官上能捕捉到的信息。

另外，解读自己的梦境，思考梦境的内容和现实生活存在什么关联，从中可以获得什么启示，也是引导ESTP深入内心世界、找到更普适规律的一种途径。需要切记的是：不要迷信，重要的是“获得思考的可能性”。

“总会有人提醒我‘要低调，不要张扬’，也总会有人在背后说我是那种肤浅的人。我就是肤浅，那又怎样？肤浅的张扬让我充满活力和能量，我开心，大家也开心！世界就是我表演的舞台。幕后的我比大家以为的更加深沉，但这一面我并不想被大家看到。”

· ESFP丨激情四射的展示者

核心动力 即时反应 | 辅助潜能 贯彻信念 | 摇摆区间 管控推进 | 长期课题 深远觉察

ESFP是最有活力的类型之一，**“快乐生活”**是他们大多数人的人生宗旨，除了擅长自我娱乐，他们还经常给身边的人带来欢声笑语。他们是非常受人喜爱的朋友和同事，他们的轻松随性、夸张搞笑、即兴表演，总是能创造出充满即时体验感的欢快场景，跟他们在一起经常能感受到最纯粹的快乐。

他们通常走在时尚的前沿，并且拥有敏锐的潮流审美，美食、服装、音乐、数码产品等与感官享受相关的资讯是他们关注的方面，他们能将最新的潮流信息分享给身边的人，是时尚生活的“万事通”。

和ESTP一样，ESFP拥有非常敏锐的观察力和敏捷的反应力，擅长综合现实情况，实行当下最有效的举措，**见机行事**是他们的强项。和ESTP不同的是，ESFP更擅长热情地展示，以富有激情的姿态使个人魅力最大化，以鲜活的个性打动他人，而不是冷静地进行利益谈判。他们如果拥有表演才艺，就会成为热情洋溢的舞者或者极其生动的演员；即使他们没有文艺方面的技能，也会在演讲、主持、展示、汇报等场合表现出收放自如的魅力。

他们非常具有**感染力**，能让人感受到迸发的**生命力**。他们喜欢一直保持动态，但通常不会给人仓促感，而是让人感觉他们天生如此，和现实世界有种高度的同频。在需要行动的时候，他们会显露出高超的执行力，快速地解决当下的问题。

在他们还是职场新人的时候，通常会追求在工作中找到最大的乐趣，轻松地工作、快乐地工作，同时避免不必要的麻烦。他们不喜欢充满束缚的规则，善于在实践中学习，能快速掌握各种实战技巧，在需要的时候灵活应用，但对于专业知识和管理技能，他们则需要花更多的时间去消化和沉淀。

如果他们的上司不够有耐心，可能会认为他们不够有智慧，实际上他们有可能只是被放在了不适合的岗位，做着不适合发挥他们长处的工作。非常多的ESFP都在销售、时尚、媒体、演艺等岗位大放异彩，他们从来不是循规蹈矩的“学院派”，而是浑然天成的**“体验派”**。

他们追求快乐的形象总是不可避免地被贴上“轻浮”和“浅薄”的标签，尤其是作为职场新人的时候，他们中的很多人会被视为开心果或是华而不实的“孔雀”，而深沉的一面却被其他人忽略。随着年龄的增长，他们会产生证明自己能力的渴望，事实上他们通常具有战术规划的潜能，可以带领团队作战，加上他们对现实环境具有天生的触感，因此经常可以快速获得实际上的业绩成果。

可惜的是，并不是每一个领导都能发现他们的潜力，一般人对他们这类人的刻板印象太深了，以至于他们丧失了发挥真正才干的机会，这种机会的丧失会令ESFP感到异常沮丧。

然而他们并不倾向于表露出自己的沮丧，他们中的一些人扮演“开心果”的角色太久了，习惯了将快乐带给众人，不希望自己影响到别人的感受，即便他们自己的感受非常强烈，但也习惯选择隐藏自己的情绪。

“为什么我用尽办法也快乐不起来？”

在生命中的某个时刻，他们可能会经历强烈的无意义感，感官活动和人际交往无法令他们开心起来。当他们不可避免地陷入自己鲜少接触的领域，可能会突然感到茫然无措，后悔自己在人生早期没有作出充分的努力，因而开始思考人生的意义，但却始终找不到可以说服自己的答案。

如果没有足够的信念感作为定海神针，他们可能会滑进绝望的深渊。就像很多喜剧演员都患有严重的抑郁症一样，ESFP也比较容易陷入“阳光型抑郁”。

当然也不是所有ESFP都会陷入这种至暗时刻，但是他们大多数都会面临长期规划问题。就算他们充满热情地做好每一天分内的工作，朝着更高的职级努力进取，快乐地过好每一天，但是对于未来依然抱有隐隐约约的恐惧感。

究其原因是他们过于信赖感官世界，将未来托付给了所谓的“命运”，很少涉猎关于永恒模式的主题。怎样获得长远的视角，克服对未来的迷茫和恐惧，是他们重要的人生课题。无论他们自己有没有察觉，他们都需要信念的引领和精神的庇护。

当他们勇敢地直视自己的恐惧，和自己更深入、更长久的精神需求联结，他们将获得惊人的深度，并以一种“大道至简”的姿态表现出来，散发出真正的自信和有厚度的精神力量，并体现在巨大的感染力、强大的号召力和对复杂环境的控场能力上。更重要的是，他们自己和身边的人都会感受到真正持久的快乐和幸福。

· 对ESFP职场新人的发展建议

1.以价值观界定体验范围

ESFP生来就习惯快速地响应环境刺激，所处的空间存在什么可以互动的元素、正在发生的事情有什么可以参与的机会，都可能会吸引他们的注意。身边的亲友、同事对他们提出了什么诉求，他们也会快速地进行回应。新鲜的体验和刺激令他们感到快乐，他们也乐于为其他人带来快乐，但如果他们没有稳固的价值观作为基底，就有可能会耽于享乐，迷失在外界源源不断的诱惑之中，一时的欢愉造成长久的沮丧、痛苦和迷茫。

要形成稳固的价值观，他们首先得读懂自己内心的感受：

- 我真正在意的是什么？
- 我真正想要的是什么？

· 我可以付出怎样的代价？
· 我应该克制哪些冲动？

对于ESFP来说，进行心灵探索并不是一件容易的事情。他们常常会因负面事件激起消极情绪，从而陷入对自我的怀疑和批判。ESFP并不倾向于去刻意维护人际关系，而是抱着顺其自然的态度，但如果能察觉到自己对某些人或事开始抱有执念，并因此产生矛盾和冲突的时候，就是检视自己价值观的好机会。这意味着这些人和事联结到了自己内心深处的需求，并在自身的价值排序里是占据高位的。

和善于内省且充满能量的亲友进行一对一的深入聊天，是帮助自身清楚自我价值的重要办法。ESFP需要亲眼看到这样的画面：别人对价值观和信念的践行确确实实将生活往一个积极的方向引导并产生了实质的改变。只有看到这样的现实画面，才能更好地引发他们的思考。

所以选择良师益友非常重要。让自己的生活圈子里不只有提供情绪价值、信息以及追求物质享乐的朋友，珍惜那些可能有点无趣但善于反思和总结的朋友。

2.诚实面对自己的负面情绪

ESFP习惯展现出快乐的一面，不愿意将负面的情绪暴露给周围的人，这对于朋友来说是一种可贵的品质，但对于自己来说则更多是一种伤害。随着负面情绪的积压，他们可能会逐渐感到不堪重负。

从最现实的角度来说，这种状态非常容易影响工作效果，因为他们最习惯的是以感官知觉来联结现实环境，而此时的他们会感到身心非常疲惫，无法对变化及时作出反应。

他们并不习惯从心灵的角度解决问题，而是习惯从美食、物质、运动等方面得到快速的感官刺激和身体激素层面的反馈，试图在短时间内战胜痛苦或掩盖苦恼。但这种方法会受到“边际递减效应”[1]的影响，就像耐药性一样逐渐失去作用，为了保持“快乐”的状态而变得更加不快乐。

ESFP应该尝试接纳这样的事实：

我不可能一直快乐，“痛苦”也是我的一部分。

试着和痛苦的感觉和平共处，并借由痛苦进入到对自我价值的深入思考。不用急着找到答案，自我探索是人一生的课题，重要的是在探索的过程中得到怎样的启发。ESFP可以将这些想不通的问题记录下来，和信任的亲友进行深入的谈话，或者寻找可靠的心理咨询师，从精神的角度获得最有效的建议。但是请一定要谨记：痛苦是必然存在的，要与它和平相处，而不是要消灭它。

[1] 边际递减效应：经济学术语，是指在其他条件不变的情况下，如果一种投入要素连续地等量增加，增加到一定产值后，所提供的产品的增量就会下降，即可变要素的边际产量会递减。

3.对未来设定短中长期计划

当ESFP越来越清楚自己的价值观之后，可以考虑职业发展：

· 我的兴趣是什么？

· 职业价值观是什么？

· 能力达到了什么水平？

在这个大基础上尝试制订计划来指导自己的行动，包括设置短期目标、中期目标以及长期目标。短期目标应详细具体，而且要相对简单和容易达成，令自己可以获得快速的正反馈。例如主动承接某个力所能及的项目，并且在限定的期限内，按照既定的质量标准完成它；又或是参与某项技能培训，拿到相关的培训证明。总之，短期目标一定要设置奖励，如果外界不能给到相应的奖励，就自己创造奖励。

中期目标，例如职位晋升或行业转换，又或是成为某领域的专家或创办自己的企业。这些目标不需要太具体，也不要设置过于详细的业绩要求和时间限制，过于具体容易让自己感到沮丧和压力，谨记这些目标的设置只是为了提供方向和动力。

在制订计划的过程中，他们还需要考虑自己的生活目标和职业目标之间的平衡，确保自己的职业发展不会影响到个人生活的幸福感和满足感。ESFP相信“实践出真知”，如果制订的计划无法给自己带来预期的好处，请不要被纸面上的框架束缚，抛弃它并重新拟定计划，寻找真正适合自己的方法。

这些尝试和探索的过程不会被浪费，而是会在潜移默化中成为他们的人生经验，这些经验会成为基石，助力他们活出自己的人生。退一万步讲，至少他们可以从中学习到规划、管理和控制的方法，并将它们运用在工作的实践当中。

·“应变型”的中长期职场画像

“应变型”的职场成长过程，是在**“即时响应环境”**和**“长远深入思考”**的矛盾中进行的。他们所秉持的现实主义态度，能令他们很好地融入环境和适应环境，同时也容易制约他们跳出环境看到全局。他们一方面可以是快速控场、随机应变、务实能干的高手和人才，另一方面也可能耽于享乐而忽视大局。他们需要争取到合适的平台和岗位。

在最佳状态下，他们对紧张的局势会有精准的直觉和快速的预判，能够扭转各种危险的局面，并且以简单、直接、切实可行的方法，短、平、快地解决各种难题。同时，他们的乐观、宽容和不受束缚的态度具有不可思议的感染力，可以令整个团队和组织都以快乐和松弛的状态应对艰难的挑战。对于快速捕获别人的思维模式，灵活切换影响他人的办法，他们有一套自己的哲学。

这个过程并非一蹴而就，作为长期目标和终身学习的范畴更加适宜。为了达到这个长远的目标，“应变型”可以在以下方面有意识地积累经验和培养能力：

- 后果意识
- 规划意识
- 反省意识
- 养成定期内省的习惯
- 哲学与心理学的储备
- 解读文艺作品的隐喻

在这个积累和学习的过程中切记：

人生可能没有那么简单，但总有简单处理的方法。

结语

· 超越人格类型学

荣格的“心理类型理论”是划时代的人格心理学理论，后续发展的“16型人格”类型学进一步为更多人提供了个人成长的探索地图，当我们被其精准地描述性格特点和心灵困境的时候，会有一种巨大的治愈感，仿佛自己不为人知的一面被看到和被理解。

但如果我们仅限于此，很容易陷入“巴纳姆效应”——被自己认同的、宽泛的形容词吸引，强加对某种类型的自我认同，但并不采取积极的措施寻求自我成长，而是将自己的问题归咎于“天生的类型”，停止自我成长，利用人格类型学理论来自我设限。在这种情况下，“类型”反而成了一种束缚，或者仅仅变成一种“心灵安慰剂”。“心灵安慰剂”固然也有它的好处，但是对于人格类型学的广度和深度而言，仍然是一种误用。

在作者看来，正确的使用方式是将人格类型学理论视作一种工具，指引我们有方向地进行思考，结合自身实际情况来选择性地吸收有建设性的建议，但不将自己钉死在某种类型的抽象描述里面。

当我们超越人格类型学的视角，从职业生涯规划的视角来看待问题时，会知道“人格类型”的内容只属于职业生涯规划的第一步——自我探索。除此之外，还需要通过就业蓝皮书、就业数据库等工具进行环境探索，根据明尼苏达工作适应论等理论模型进行环境适应的探索，还有后现代式以“梦想”为导向的积极行动。

人格类型学的指导从更宏观的层面来看，仅仅只能反映我们生命的一小部分，深度学习有深度学习的好处，浅层涉猎有浅层涉猎的价值，核心只在于我们究竟能不能吸收到里面真正的精华。

有可能对于一些人来说，仅仅知道自己所属类型的四个偏好，注意适时使用非偏好的处理方式、理解非偏好存在的合理性，就已经足够解决大多数问题，这都是对人格类型学理论的建设性使用方式。“大道至简”是中国哲学的智慧，我们经历了复杂的理论实践探索，最终要以简单的方式来应用。

当然，也会有另一部分人拒绝承认自己属于某种类型，认为人不应该被标签定义，也不应该被某种类型给框死，这实际上和人格类型学理论的宗旨是一致的，我们学习类型的最终目标就是超越类型。

当我们还没接触人格类型学理论时，可能会“看山是山，看水是水”，局限于看到事物的表层现象，而一旦进入人格类型学的世界，可能会有一段时间“看山不是山，看水不是水”，认为自己看穿了事物背后的原理和本质。然而，更高的境界是“看山还是山，看水还是水”。

理解自己，接纳自己，理解他人，接纳他人，看清人与人之间天生的差异性，看到人与人之间更大的共性，分清事实与观点，做到“无招胜有招”。

参考文献

BEEBE J, 2017. Energies and patterns in psychological type[M]. London: Routledge.

BERENS L V, NARDI D, 2004. Understand yourself and others: an introduction to the personality type code[M]. California: Telos Publications.

JUNG C G, 1976. Psychological types: the collected works of C. G. Jung volume 6[M]. Princeton: Princeton University Press.

KEIRSEY D, 1998. Please understand me II: temperament, character, intelligence[M]. New York: Prometheus Nemesis Book Co.

MYERS I B, MCCAULLEY M H, QUENK N L, et al, 1998. MBTI® manual: a guide to the development and use of the myers-briggs type indicator[M]. Washington: Consulting Psychologists Press.

MYERS I B, MYERS P B, 1995. Gifts differing: understanding personality type[M]. Boston: Nicholas brealey Publishing.

QUENK N L, 2002. Was that really me?: how everyday stress brings out our hidden personality[M]. London: Nicholas Brealey Publishing.

SHUMATE C, 2021. Projection and personality development via the eight-function model[M]. London: Routledge.

THOMSON L, 1998. Personality type: an owner's manual: a practical guide to understanding yourself and others through typology[M]. New York: Ulysses Press.

VAN DER HOOP J H, 1937. Conscious orientation[M]. New York: Harcourt Brace.

WITT J M, DODGE A, 2018. Personality hacker: harness the power of your personality type to transform your work, relationships, and life[M].New York: Ulysses Press.

附录

· 人格类型动力汇总表

类型	偏好	核心动力	辅助潜能	摇摆区间	长期课题
真我型（内倾情感型）	ISFP	知行合一 不忘初心	即时反应	深远觉察	适应制度 有效推进
	INFP		探索突破	梳理沉淀	
分析型（内倾思维型）	ISTP	独立思考 逻辑闭环	即时反应	深远觉察	关系建立 情感表达
	INTP		探索突破	梳理沉淀	
缜密型（内倾感觉型）	ISTJ	积累沉淀 稳固现实	管控推进	贯彻信念	突破枷锁 积极展望
	ISFJ		关系调控	系统分析	
洞见型（内倾直觉型）	INTJ	深远觉察 愿景实现	管控推进	贯彻信念	适应变化 关注现实
	INFJ		关系调控	系统分析	
进取型（外倾思维型）	ESTJ	建立秩序 高效运转	梳理沉淀	探索突破	个人情感 深入联结
	ENTJ		深远觉察	即时反应	
凝聚型（外倾情感型）	ESFJ	关系和谐 情感流动	梳理沉淀	探索突破	客观评估 理性批判
	ENFJ		深远觉察	即时反应	
探索型（外倾直觉型）	ENTP	向外探索 打破常规	系统分析	关系调控	向内组织 积累沉淀
	ENFP		贯彻信念	管控推进	
应变型（外倾感觉型）	ESTP	即时反馈 尽情参与	系统分析	关系调控	深度内省 长远考虑
	ESFP		贯彻信念	管控推进	

· 分析与行动指南

通过上面的自我探索，我们已经深入地了解在人格类型学的镜头下，自己的类型有什么常见的性格特点、发展阻碍和成长建议。一本书虽然没办法解决我们所有的生活难题，但可以引发我们进行深入思考，我们回过头看看开篇提的问题：对于现在的职业道路，我们是“走”还是“留”？借助这个主题，我们可以通过下面的思考路径来梳理思路。

1.我属于哪个类型：________________________________

2.对于这个类型的性格特点，我的总结是：

____

____

____

3.我和这个类型的特点有几成相似？不太一样的地方在哪儿？

____

____

____

4.读完这本书，对你接下来的行动最有帮助的几个点是什么？

____

____

____

5.我是否充分发挥了这个类型的“核心动力”和“辅助潜能”？

____

____

____

6.我是否一直在高频率被迫面对自己的“长期课题”？

____

____

____

7.我的职场优势是什么？

____

8.我的职场短板是什么？

____

9.短板部分在目前的岗位是否能够看到可以锻炼的可能性？

____

____

____

10.职场上，我无论如何也无法忍受的是哪几点？

____

____

____

11.我目前的岗位和我的“核心动力”、“辅助潜能”和“长期课题”有什么交集的地方？

____

____

____

12.我想转变的赛道和我的“核心动力”、“辅助潜能”以及“长期课题”有什么交集的地方？

____

____

____

13.令我犹豫的部分和我的“核心动力”、“辅助潜能”以及“长期课题”有什么交集的地方？

____

____

____

14.我有什么方法和资源可以帮助我适应岗位或转换赛道？

____

____

____

15.为了实现这个大目标，我踏出的第一步是什么？

____

____

____

16.我打算什么时候开始执行我的第一步？

____

____

____

顺着类似的思路，或者根据我们自己的思考习惯，制订能够最快行动起来的小计划，然后动起来吧！

· 测评资源

Totypes：荣格八维认知动力测试。

以荣格八维模型和毕比模型为理论依据，进行人格类型原型深度探索、潜能开发、学业及职涯发展咨询的网站：https://totypes.com。

Skill&Will™中国大陆地区正式授权的MBTI®认证培训中心。

添加骨哥说小助理，免费领取纸质书未收录内容：

· 你的专属人格类型扩展资料
· 16型人格深度理论背景知识扩展资料
· 加入高能量学习/交流/共创社群
· 最新线上/线下活动情报